鳥たちの森

日本の森林／多様性の生物学シリーズ――④

鳥たちの森

日野輝明 著

東海大学出版会

Diversity and Interaction of Forest Birds
Teruaki Hino

Tokai University Press, 2004
ISBN4-486-01655-6

口絵 -1　左から：4 枚羽の羽毛恐竜 - 小盗竜、最古の鳥類 - 始祖鳥、原始的な鳥類 - 孔子鳥（竹内 2002、徐星 2003 より、イラスト：瀬川也寸子氏）

口絵 -2　羽毛恐竜、左から：中華竜鳥、中国鳥竜、尾羽鳥（竹内 2002 より、イラスト：瀬川也寸子氏）

口絵 -3　シジュウカラ類５種。上から：シジュウカラ、ハシブトガラ、ヤマガラ、コガラ、ヒガラ（イラスト：瀬川也寸子氏）

口絵 -4
上：モズの巣中のカッコウの擬態卵(上側右)、下：ウグイスの巣中のホトトギスの擬態卵(二重托卵：上側右と一番下)（写真提供：内田博氏)

まえがき

二一世紀の人間社会は「多様化の時代」だといわれている。多様化とは、単に個性の違う人間や地域の創出を意味するのではない。個々が独立に存在するだけでは個人の進歩も社会の発達も期待できないからである。かつての日本のように鎖国状態にある国がいくつあっても仕方ないのである。個性の違う人間や地域が相互のコミュニケーション・ネットワークを通して、個性や固有性をさらに深化させ、全体もまたその相乗効果によってつねに新しいものへと進展していくことこそが、真の多様化だといってていいだろう。すなわち、個があっての全体であり、相互作用があっての多様化なのである。グローバル化・情報化の進んだ現在であれば、簡単なことのように思えるかもしれない。しかし、コミュニケーションは情報の共有でもあるため、それによって人間の個性や地域固有の文化が失われ、すべてが似通ったものになってしまう危険性が大いにある。これは多様化に逆行するものであり、二〇世紀の私たちが現実に陥ってしまった誤りでもある。

一方、自然界では、生物どうしの絶え間ない相互作用によって、相互がより適応したものへと進化し、それによって多様性がつねに生み出され維持されている。このような自己組織化は自然界のルールだといってもよい。ところが、自然界においても生物多様性の喪失が著しい。これは多様化することの苦手な人間が、近代化の名のもとに自然界をも道連れに一様化してきたためである。一度失った生物多様性を取り戻すことはけっして簡単ではないが、適切に管理を進めていけば、いずれ自然界は本来の自己組織化によって多様性を蘇らせてくる可能性がある。人間もまた多様化の時代を生きていくうえで、自然界の多様化へのプロセスに学ぶべきことは多いに違いない。

本書では、森の鳥を主役にして、森林という生息環境を舞台に彼らが演じている相互作用とそれによって生み出される共進化、さらにそれらの結果として生み出される多様性について、できる限りわかりやすく紹介することを試みた。

1章では、鳥の起源と進化について書いた。議論百出で定まった説がない分野で、専門外の私がまとめるには手にあまった。しかし、はじまりがなければ今日見られる鳥は存在しないのであるから、どうしてもはずしたくない章であった。異論があることは承知で、鳥は恐竜起源であり、最初の飛行は樹上からの滑空によってはじまり、恐竜の絶滅は被子植物との共進化についていけず多様性が低下したことがきっかけとなったという説を採ることにした。本書のはじまりの章としては「鳥は森で生まれて森で進化した」というシナリオがもっともおさまりがよいこともあるが、個人的にももっとも可能性が高そうだと思うからである。いずれにしろこの分野の今後の展開が楽しみであることは確かである。

2章と3章は、1章を受けて、恐竜がはたし得なかった植物との共進化が鳥について描いてある。具体的には、種子散布、花粉媒介、植食昆虫の採食などを通した鳥と植物との相互作用についてであり、森林生態系における鳥の役割についてというふうにいいかえることもできる。ここでは、鳥から植物あるいは植食昆虫への直接的な作用だけではなく、第3、第4の生物を含むことによって生じる間接的な作用や、植物から鳥あるいは昆虫から鳥への逆方向の作用（反撃）についても紹介した。

4章と5章では、森林を舞台とする鳥どうしの敵対と誘因の相互作用のドラマを描いている。2章と3章で出てきた昆虫や植物は、ここでは鳥が競い合う資源として扱われる。これらの章でもまた、競争する者どうし、捕食者と被食者、托卵者と宿主、誘引する者とされるものとの間の双方向の作用および共進化について述べた。また、敵対関係と誘因関係は、同じ鳥どうしの関係でも環境条件によってどちらにでも変わりうること、種間の関係は個体間の関係で決まることなどを強調した。

6章では、鳥の種分化および鳥の種多様性について述べている。森林間の鳥の種多様性の違いは、2章から5章までに描いた鳥どうしの相互作用や鳥をめぐるさまざまな生物間の相互作用の総体として現れることが強調される。そして、最後の7章では、なにが原因となって現在、鳥の多様性が減少してしまったのか、多様性を取り戻すためには今後どうしたらいいのかについて述べた。ここでは、生物間相互作用にもとづく共進化によって多様性が生み出されることを自然界の原理と定義して、多様性を守っていくには、生物間の相互作用ひいては人間と自然界との相互作用こそを守っていかなければならないことを主張する。

本書全体を通して一貫しているキーワードは、「生物間相互作用」「共進化」「多様性」である。とくに相互作用については、一方向的な作用だけではなく、文字通り、作用があれば、かならずそこには反作用が生じる双方向の作用であることを強調するように心がけた。それぞれの章は個別に総説としてまとめられているので、興味のあるところから読んでもらっても差し支えないが、最後には、三つのキーワードでつないだ全体のストーリーをわずかでも理解していただければ幸いである。

目次

1章
鳥は森で生まれた

1・1　鳥は恐竜である

太古の翼の発見

今からさかのぼること一億五〇〇〇万年前、地球上は「中生代ジュラ紀」とよばれる時代。気候は現在よりもかなり暖かく、地上はイチョウ、ソテツ、針葉樹などの樹高一〇〇メートルにも達する裸子植物の大森林でおおわれていた。全長二〇メートルを超えるアパトサウルス（私が子供のころはブロントザウルスとよばれていた）やステゴザウルスなどのおなじみの大型恐竜が闊歩していたに違いない森の中で、カラスくらいの大きさの爬虫類の体に翼をつけたような生き物がひっそりと生きていた。鳥のもっとも古い化石として知られる「始祖鳥《しそちょう》」である（図1−1、口絵−1）。一八六一年にドイツではじめて発掘され、現在まで七体の標本がある。ギリシア語で「太古の翼」という意味のアルキオプテリクスの名前がつけられた。

この世紀の大発見の二年前には、ダーウィンの『種の起源』が発表されたばかりで、世の中は「進化論」対「想像説」の論争が沸き起こっていた最中であった。そのため、爬虫類と鳥の両方の特徴を併せ持つこの化石は、まさに両生物をつなぐ「失われた環」そのものであり、進化の決定的証拠として扱われるようになった。当時比較されたのは、始祖鳥と同じ地層から発見されたコンプソグナトゥスという全長六〇センチメートルの小型恐竜（コエルロサウルス類）の化石である。始祖鳥に見られる長い尾骨、腹肋《ふくろく》（腹部の肋骨）、前肢（すなわち翼）の先の三本の鉤爪《かぎづめ》、嘴状の両顎の歯は、どれも鳥ではなく恐竜の特徴であった（図1−2）。また、鳥の特徴である竜骨突起《りゅうこつとっき》（翼の筋肉が付

図 1-1　切手になった恐竜をはじめとする古代生物。上段左から：「太古の翼」始祖鳥、敏捷な温血動物を想像させる獣脚類、新しいイメージの竜脚類と獣脚類。下二段左から：古いイメージの竜脚類ブラキオサウルス、古いイメージの鳥脚類イグアノドン、福井県手取盆地で発掘されたイグアノドンと獣脚類ドロマエオサウルス、角竜類のトリケラトプス、哺乳類型爬虫類の獣弓類、恐竜時代に空を支配した翼竜類。

着する板状の胸骨）を持っていなかった。その一方で、始祖鳥は、長い前肢、気嚢《きのう》を持つ中空の骨、叉骨《さこつ》（鎖骨が癒合《ゆごう》したもの：胸骨と肩甲骨をつなぎ翼の筋肉が付着）、後ろ向きの恥骨《ちこつ》（骨盤の骨の一つ）、手根骨《しゅこんこつ》（手首の関節が半月型になり回転可能）、反転した後肢の第一指のように、鳥が持つ多くの特徴を持っていた（図1－2）。そして、なによりも重要な特徴は、全身が羽毛でおおわれ、前脚には左右非対称の風切羽《かざきりばね》を備えていたことである。始祖鳥は、この特徴によって爬虫類ではなく、鳥の称号が与えられることになった。そして、コンプソグ

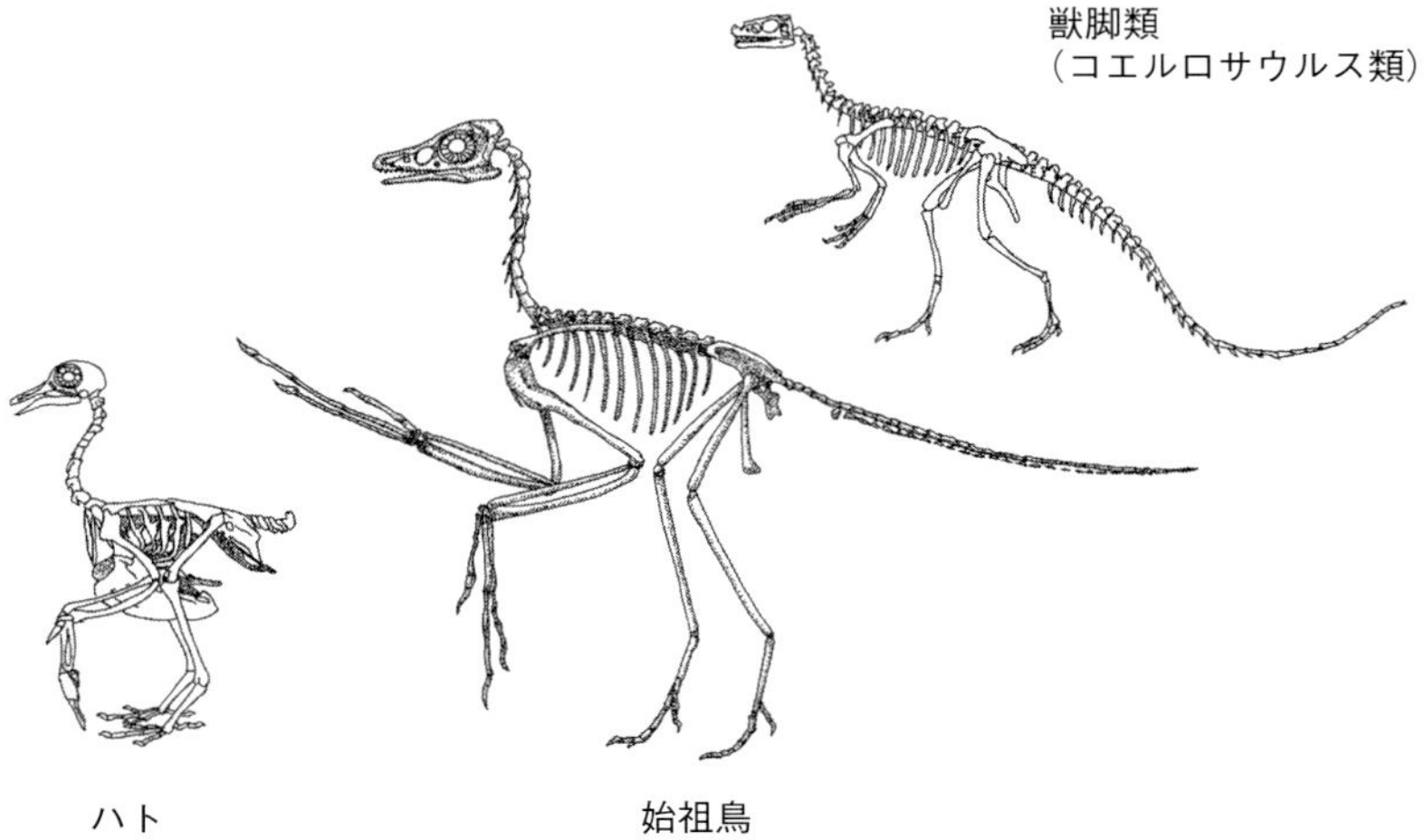

図 1-2　恐竜から現生鳥類への骨格の進化（イラスト：瀬川也寸子氏）

ナトゥスと始祖鳥との多くの共通点によって、この一世紀半の間続けられてきた鳥の起源論争は、恐竜起源説で幕が切って落とされたのである。[12]

　しかしながら、私が子供のころに読んだ恐竜の本には、鳥と恐竜はワニに近い爬虫類から独自に進化してきたと書かれてあったのを覚えている。すなわち鳥と恐竜は、系統的には直接の「親子関係」にはなく「兄弟関係」にあるというのだ。その理由は、始祖鳥を含む鳥には必ず見られる鎖骨（鳥では癒着した叉骨）が、恐竜よりも原始的な動物にはあるのに、恐竜の化石では発見されていなかったためらしい。一九二〇年代から一九六〇年代までは、この説が一般的だったようである。おそらく子供のころには、こちらのほうが理解しやすかったに違いない。アパトサウルスやステゴザウルスといった怪獣のような生き物からスズメやハトが進化したといわれて、はたして信じることができたかどうか。なにしろ、そのころの恐竜のイメージは「図体はでかいが、頭が悪くてのろまで鈍感」というものであった。石をぶつけられても痛いと感じるのに一時間くらいかかるなどと、子供の間ではもっともらしく語られていたものだ。

恐竜ルネサンス

一九七〇年代以降、世界各地での恐竜化石の発掘によって恐竜の本当の姿がつぎつぎと明らかにされ、それまでの恐竜のイメージが一新されることになった。「恐竜ルネサンス」の到来である[3]。その発端となったのが、一九六四年に米国モンタナ州の白亜紀後期の地層から発見された小型肉食恐竜ディノニクスの化石である。「恐ろしい鉤爪」という名前がつけられた体長三メートルのこの恐竜は、名前の由来となった後足の鎌のような巨大な鉤爪、鋭い歯、大きな目、大きな脳、しなやかな長い尾を持っていた（図1-3）。しかも、数個の化石が同じ場所で見つかり、そのかたわらには大型草食恐竜の化石があったのである。これらの体の構造と発掘の状況から、知能が高くて集団で狩りを行い、敏捷に動き回りながら獲物に飛びつき後ろ足の鉤爪で肉を引き裂く恐竜の姿を想像することができる（図1-1）。映画『ジュラシックパーク』の中で、主人公たちを集団で追いかけ回していた不気味な小型恐竜ヴェロキラプトルを思い出していただいてもかまわない。こいつらが画面の中で突然飛び出してきたときには、私は不覚にも心臓が止まりそうになってのけぞってしまったが、あの恐竜たちはディノニクスときわめて近縁な種類の恐竜なのである。

ディノニクスの骨格の特徴はまた、中空の骨、後ろ向きの恥骨、半月型の手根骨など鳥の特徴との共通点があまりにも多かったことから、鳥の恐竜起源説が再浮上することになった。それまでこの説の最大の反証としてあげられた鎖骨（叉骨）はディノニクスの化石には残されていなかったが、一九九一年にゴビ砂漠で発見されたヴェロキラプトルの化石にはしっかりと残されていた。それ

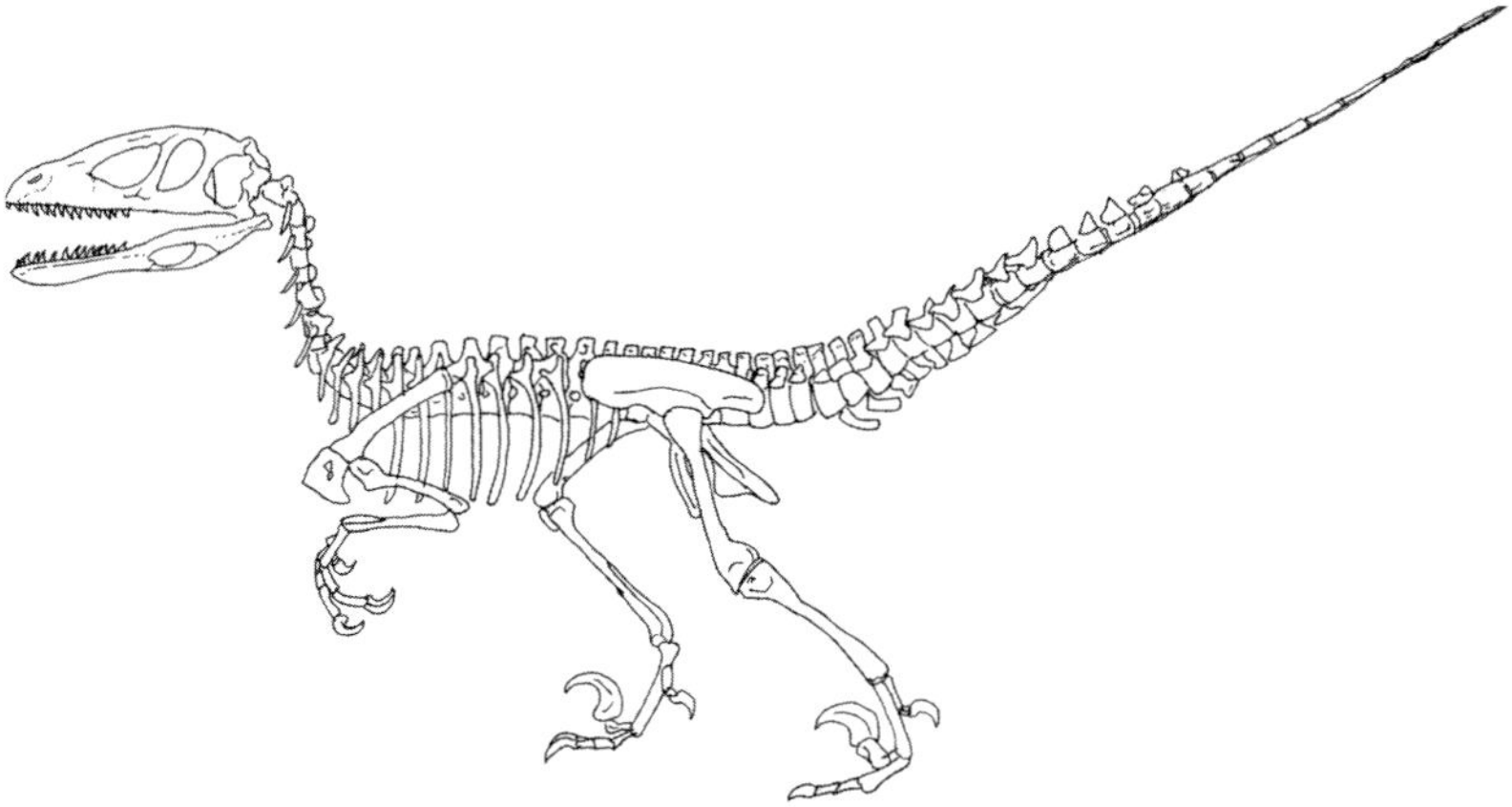

図 1-3　ディノニクスの骨格（イラスト：瀬川也寸子氏）

以降も叉骨を持つ多くの小型恐竜の化石が発見されており、いまでは鳥が恐竜から進化してきたことを疑う研究者は少ない。叉骨はただ化石として残りにくい部位にすぎなかっただけなのだ。

ディノニクスの骨格はまた、恐竜が歩いたり走ったりする姿のイメージを大きく変えた（図１－１）。それは日本の「ゴジラ」とアメリカの「GODZILLA」の違いを見ていただければよい。ルネサンス以前の恐竜のイメージは、長い尻尾を引きずりながら、直立姿勢でノッシノッシと歩く日本のゴジラであったが、現在の恐竜のイメージは、ピンと張った尻尾でバランスをとりながら前のめりで駆け回るアメリカのGODZILLAへと変わったのである。実際、どんな大型恐竜の足跡の化石にも尻尾を引きずったあとはなく、また歩幅の解析などによって、おなじみの巨大肉食恐竜ティラノザウルスで時速二〇キロメートル、「走るトカゲ」の異名を持つドロマエオサウルスにいたっては時速四〇キロメートルで走れたらしい。また、かつてネッシーのように湖の中で暮らし、浮力を利用して体を支えていたと考えられていたアパトサウルスやブラキオサウルスのような巨大な草食恐竜たちは、足跡の化石から陸上を歩いていたことが明らかになり、ときには後ろ足で立って高い木の葉を食べていたらしい。彼らの長い尻尾は、歩くときには長い首とバランスをとるためのヤジロベエのような役割をはたし、立ち上がるときには巨体を支えるつっかい棒のような役割をはたしていたというわけだ。

さらに、ディノニクスが敏捷な小型恐竜であったことは、恐竜が冷血動物ではなく哺乳類や鳥類と同じ温血動物であった可能性を大いに高めた。体の小さな動物がハンターとして活発に動き回るためには、周りの温度に左右されずにいつでも戦うことができ、状況によってはいつでも逃げられる準備を整えておく必要があるからである。恐竜が温血だったかについては、いまでも決着はついていないようであるが、少なくともディノニクスのような小型肉食恐竜が温血であったことを疑う研究者は少ないようである。巨大恐竜は、ただ体が大きいという理由だけで、たとえ自ら発熱し体温を調節する能力がなかったとしても、温血動物と同じように体温を維持できるらしい。湯飲みのお湯はすぐ冷めるが、浴槽のお湯の温度はなかなか下がらないのと同じ原理なのだそうだ。この原理は、今よりもかなり温暖だった時代に恐竜が巨大化した根拠の一つと考えられている。しかし、小型恐竜はそういうわけにはいかない。彼らが温血であるためには、体温維持用に毛皮のコートかダウンジャケット、すなわち哺乳類のような体毛か鳥類のような羽毛を身にまとっていなければならない。鳥の恐竜起源説から当然予想されるのは羽毛である。そのため、小型恐竜には羽毛が生えていたに違いないと考えられるようになり、そのような化石が出ていないのは、羽毛が化石として残りにくいためだと考えられるようになっていた。

羽毛恐竜の登場

　この一〇年ほどの中国の経済発展はめざましく、かつての共産主義の古めかしいイメージはない。そんな躍進著しい中国はまた、相次ぐ貴重な化石の発見によって世界の注目を浴びている。二〇世紀も終わりに近づいた一九九五年、中国北東部遼寧省の白亜紀前期（一億三〇〇〇万年前）の地層（熱河層群）で待ちに待った一つの化石が発見された。シノサウルプテリクスと名付けられたその化石には、現在の鳥に見られるものと同じ羽毛の痕跡が、頭から尾の先まで残されていたのである。中国名では、鳥を思わせる「中華竜鳥」という名前がつけられているが、その特徴は正真正銘の恐竜であり、始祖鳥の発見時に比較されたコンプソグナトゥスと同じグループに分類されている（口絵-2）。その後も同じ中国遼寧省の白亜紀の地層からは、現始祖鳥（プロトアルキオプテリクス）、尾羽鳥（カウディプテリクス）、中国鳥竜（シノルニトサウルス）のような羽毛恐竜たちがつぎつぎと発見されてきている。[45] ここでまた、一九九三年制作の『ジュラシックパーク』と二〇〇一年制作の『ジュラシックパークⅢ』とを見比べていただきたい。第一作で無毛だったヴェロキラプトルの体には、第三作では全身に羽毛が生えていることに気がつくはずだ。この獰猛な肉食恐竜にも羽毛のついた化石が発見されたのである。

　尾羽鳥に近い骨格を持つ小型恐竜にオヴィラプトルがいる。恐竜であるにもかかわらず、現生鳥類のように歯のない角質の嘴を持つ変わり者である。小型恐竜の多くは肉食であったが、この恐竜は果実などを嘴と頑丈な顎で砕いて食べていたのではないかと考えられている。この恐竜の名前にはエピソードがある。オヴィラプトルという名前は「卵泥棒」という意味であるが、これは一九二〇年代にゴビ砂漠でその化石が卵と一緒に発見されたことに由来している。恐竜が鈍感な冷血動物だと考えられていた時代のこともあり、他の恐竜の卵を盗んで食べていたと勘違いされたらしい。しかし、後の調査でその卵はオヴィラプトル自身の卵であることがわかった。つまり、この恐竜は鳥のように抱卵する習性を持っていたというわけだ。こうして汚名は晴らされることになったが、学名は命名の規則のためにそのままとなっている。これは小型恐竜が温血性であったことを裏付ける証拠ともなっており、羽毛が抱卵に役立っていた可能性は高い。

「鳥もどき」という名前のつけられたオルニトミムスという恐竜もいる。名前の通り、外見はダチョウによく似ていたと考えられており、オヴィラプトルと同様に歯のない角質の嘴を持っていた。注目すべきは、一九九七年に北米で発掘された化石の胃の中に、鳥が持つのと同じ胃石が詰まっていたことである。いわゆる「砂嚢《さのう》（別名スナギモ）」で、歯のない鳥が食べた植物や昆虫などの食物をすりつぶして消化を助ける役割をはたす。大量の数の胃石から植物食の鳥だったとも、クシ状の嘴の構造から水中の無脊椎動物を濾して食べていたフラミンゴのような鳥だったともいわれている。実際には、オルニトミムスばかりでなく草食性・肉食性問わず、ほとんどの種類の恐竜の化石で胃石が見つかっていることから、砂嚢は恐竜に普遍的な消化器官だったのではないかとも考えられている。

このように中国での相次ぐ羽毛恐竜の発見によって、小型恐竜が羽毛を持った温血動物であったことが確実視されるようになってきた。しかも、骨格ばかりでなく抱卵習性や消化器官においても、鳥と恐竜はよく似ている。[6] 鳥の起源が恐竜であることは、現在ではもはや疑いようもない事実なのである（ただし、強力な反対論もあり決着はついていない）。

鳥と恐竜の境界

一〇年ほど前まで鳥について書かれた多くの本では、鳥を他の動物と分ける唯一の特徴は「体が羽毛におおわれていること」であった。[7] しかし、これまで述べてきたように、相次ぐ羽毛恐竜の発見によって鳥と恐竜の境界は非常に曖昧なものになってしまった。分岐分類という方法にもとづいて鳥を系統的に分類すると、「脊椎動物－四肢動物－羊膜《ようまく》類－爬虫類－双弓《そうきゅう》類－主竜類－鳥頸《ちょうけい》類－恐竜類－竜盤類－獣脚類－テタヌラ類－コエルロサウルス類－マニラプトル類－鳥類」というふうに位置づけられる。[2] この分類法にもとづいて、どのようにして鳥が恐竜の子孫とみなされることになるのか見ていこう。

鳥が背骨を持ち（脊椎動物）、前脚（＝翼）と後脚の四本の脚を持つ（四肢動物）動物であることはすぐわかる。卵に羊膜や殻を持つことで陸上への産卵が可能になり、非羊膜類である両生類と分かれて爬虫類の仲間に入る。そして、顎の筋肉に関連した頭蓋の側頭窓《そくとうそう》という穴の数によって、無弓類（カメ類など）、単弓類（哺乳類など）とは異なる双弓類というグループに分類される。さらに鳥は、頭蓋側面の目の前にある穴（前眼窩《がんか》窓《そう》）があるかどうかで、ヘビ類やトカゲ類を含む鱗《りん》竜類とは別の主竜類というワニ類、翼竜類、恐竜類などと同じグループに含められる。そのメンバーの中で、ワニ類以外の動物は、直立できるという特徴によって別のグループ（鳥頸類）を構成する。直立姿勢は、骨格的には脚の平面軸が胴の平面軸に対して垂直になることを意味する。すなわち、鳥と恐竜と翼竜は、ワニのように脚と胴が同じ面にあって這い回る姿勢から直立姿勢になることで、陸上での移動がスムーズに行えるようになったのである（ただし、胴との接合部である大腿骨の頭が哺乳類のように丸くないため、脚の動きは前後のみで脚を左右に動かすことや回すことはできない）。また、鳥と恐竜と翼竜は、足首の関節（中足骨根関節《ちゅうそっこつこん》）を蝶番《ちょうつがい》のように前後に動かすことができ、足は四本指でうち三本は前を向き、指先には鉤爪があるという共通の特徴を持っている。そして、始祖鳥が持つ五個の椎骨《ついこつ》を持つ骨盤、後ろ向きの肩関節、外側二本の小さな指を持つ非対称の手、開いた寛骨臼《かんこつきゅう》（大腿骨と胴との接合部位）などの多くの特徴は、同じように空を飛ぶ道を選んだ翼竜ではなく恐竜の特徴であった。かくして系統的に見れば、鳥は明らかに恐竜のグループの一員に位置づけられるのである。

それでは、鳥はどんな恐竜なのだろうか。恐竜には、大きく分けて鳥盤類と竜盤類という二つのグループがある。名前からもわかるように、恥骨が後ろ向きの鳥型の骨盤を持つか、恥骨が前向きのトカゲ型の骨盤を持つかが、両者を分ける重要な特徴である。鳥盤類を代表するものといえば、ステゴザウルスやトリケラトプスのように角や鎧で武装した角竜類や福井県でも発見されているイグアノドンのような二足性の鳥脚類である（図1-1）。鳥はその名前の由来に反して、頭蓋の鼻の下の穴（副鼻孔）、長い首、踵の骨にある上向きの突起（ニワトリやキジに見られる蹴爪《けづめ》）などの多くの共通の特徴によって、竜盤類に属する。さらに竜盤類は、竜脚類と獣脚類の二つのグループによって構成される。竜脚類はアパトサウルスに代表される草食性の巨大恐竜の仲間で、長い首と小さな頭、ヘラ状の歯と上向きの鼻の穴、頑丈な四肢などで特徴づけられる。鳥が含まれるのは、これまで小型恐竜というふうに紹介してきた獣脚類たちである。実際には体長六〇センチメートルのコンプソグナトゥスから体長一三メートルのティラノザウルスまで体の大きさには幅があり、また多くは肉食性であった。しかし、いずれの獣脚類にも、二足歩行に適応した細長い脚と足、物をつかむのに適応した前肢

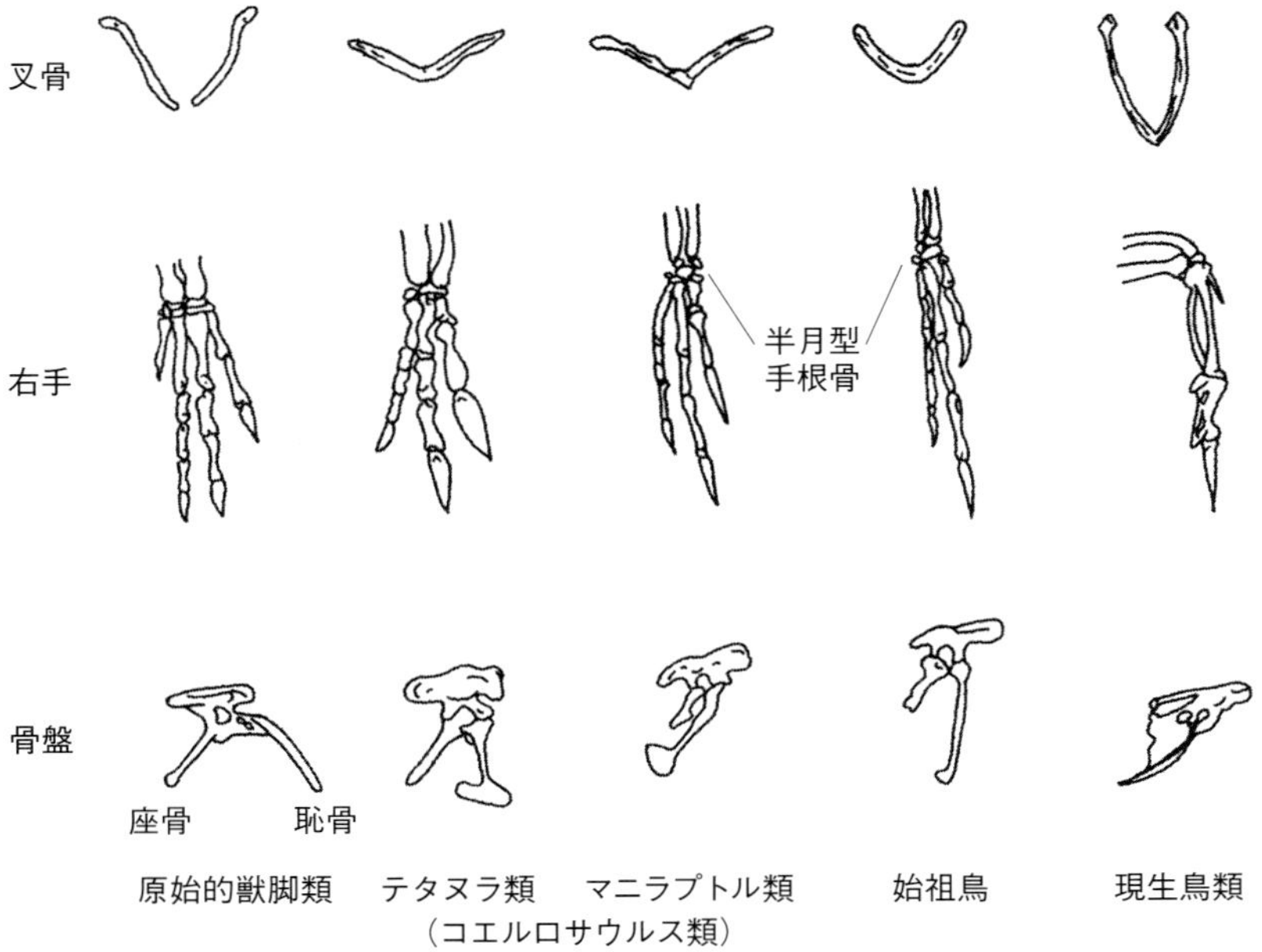

図 1-4　原始的獣脚類、テタヌラ類、マニラプトル類、始祖鳥、現生鳥類の鎖骨、右手の骨、骨盤の比較。コエルロサウルス類はテタヌラ類とマニラプトル類の中間の特徴を持つ（竹内 2002 より、イラスト：瀬川也寸子氏）。

の対向する第一指、中空の骨などの特徴があり、これはまた始祖鳥の特徴でもあった。

獣脚類は、鳥に特徴的な叉骨を持つテタヌラ類とそれ以外の恐竜に分けられる（図１－４）。コエルロサウルス類は、半月型の手根骨《しゅこんこつ》、丸くて大きな眼窩、恥骨より短い座骨のように鳥に近い骨格を持つテタヌラ類恐竜の一グループであり、ティラノザウルスのほか、中華竜鳥や尾羽鳥などの羽毛恐竜、歯のない嘴を持つオヴィラプトルやオルニトミムスなどが含まれる。さらに、このコエルロサウルス類の中で長い前脚と手、柔軟な首、後ろ向きの恥骨を持つマニラプトル類というグループに分類されるのが、始祖鳥を含む鳥類と、鳥にもっとも近い恐竜ドロマエオサウルス類（ディノニクス、ヴェロキラプトル、中国鳥竜など）なのである。[5]

さて、それでは鳥と恐竜を分ける境界はなんであろうか。ほんの一〇年ほど前まで鳥と他の動物を区別する最大の特徴であった羽毛はもはや境界の指標とはなりえない。ここまで述べてきたように、恐竜から鳥への進化的変化は連続的で、両者間に境界線を引くことはきわめて困難であることがわかる。現在では、羽を使って飛べたのが鳥類で、飛べなかったのが恐竜という恣意的な境界線でしか両者は区別できないことになった。最近では「恐竜は鳥に姿を変えて現在も生き続けている」というようなことを、メディアでよく耳にするようになった。ちょっと聞いただけでは大げさに思えるこの表現も、系統学的にいえば決して誇張されたものではないのである。

1・2　森が鳥を生んだ

飛ぶための道具

空を飛ぶことは、鳥が最初でもなければ鳥だけが持つ特権でもない。地球上でもっとも早く空を自力で飛んだ動物は昆虫で、約三億三〇〇〇万年前（古生代石炭期）ころである。次に飛べるようになったのが翼竜で、二億三〇〇〇万年ほど前（中生代三畳《さんじょう》紀）の地層から出現する化石からは、すでに飛翔能力を発達させていたことがわかっている。[8] そして、三番目の飛翔動物として現れるのが鳥である。始祖鳥が森林の中でまだひっそりと生きていた約一億五〇〇〇万年前（中生代ジュラ紀）の上空には、さまざまな種類の翼竜が全盛で最初の爬虫類が出現したころである。

をきわめ大空の支配者として飛び回っていた。最後にコウモリが登場するのは、翼竜や恐竜（鳥を除く）がすでに絶滅していない新生代の五〇〇〇万年前のことである。偶然かもしれないが、約一億年の間隔で新しい自力飛行動物が出現したのは興味深い。

飛べない動物が飛べるようになるためには、なによりもまず飛ぶための道具として翅や翼を進化させる必要がある。昆虫は胸部の背中側の皮膚が水平に扁平に伸びることで、飛ぶための道具を手に入れた。脊椎動物の翼はいずれも前脚が変形したものである。翼竜とコウモリの翼は長く伸びた指（翼竜は一本：コウモリは四本）で支えられた皮膚の膜であるのに対して、鳥の翼は羽毛でできている。指は始祖鳥ではまだ残っていたが、現生鳥類では力強い羽ばたきに耐えられるようにすべての指と掌の骨が癒合して一つの骨（中手骨）になっている（図1－2、図1－4）。脊椎動物の中には、皮膜などのマントのような羽もどきの道具を使って滑空するさまざまな動物がいる。ムササビ、トビトカゲ、トビガエル、トビウオは、そうやって空中を移動する。しかし、滑空と飛翔は違う。飛ぶということは、あくまで風に頼らず自力で推進力を作り出せるということである。パラグライダーとヘリコプターの違いだといってもよい。

尾羽鳥や中華竜鳥は羽毛を持っていたにもかかわらず鳥ではなく、始祖鳥は多くの恐竜の特徴を持ちながら鳥であると考えられている。上の定義でも述べたように、鳥であるかどうかは飛ぶことができたかどうかで決められる。飛ぶ鳥に特徴的な竜骨突起などがないことから、始祖鳥は飛ぶことができなかったと考えられていた時代もあった。それでも、このころは羽毛を持つことイコール鳥だとされていたので、飛べなくてもやはり鳥だったのである。いまでは、そのような定義が通用しなくなっ

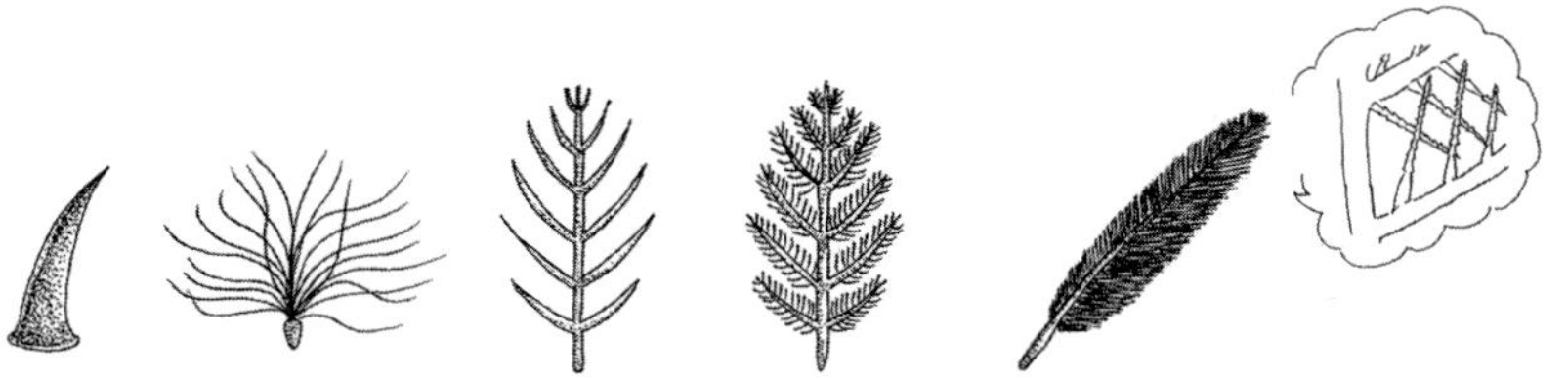

図 1-5　羽毛の進化。左から、うろこが伸びた構造物（第 1 段階）、ダウン状の羽毛（第 2 段階）、羽軸と羽枝をともなう原始的羽毛（第 3 段階）、さらに小羽枝をともなう左右対称の羽毛（第 4 段階）、左右非対称の風切羽（第 5 段階）（竹内 2002 より、イラスト：瀬川也寸子氏）

たからというわけではないだろうが、始祖鳥は自力で飛べたと考えられるようになっている。その根拠となっているのが、始祖鳥の翼の長い風切羽である。現生鳥類の羽根というのは中央に固い羽軸があり、そこから羽枝とよばれる枝が左右に伸び、羽枝からはさらに左右に細かい小羽枝が出ていて、一枚の薄い板のようになっている（図1－5）。風切羽というのは羽枝の長さが左右で異なり、進行方向に向かって前側のほうが短くなっている。この構造を持つことで、鳥は翼を打ち下ろすときに強度を強め、打ち上げるときに抵抗が小さくすることができ、上手に飛ぶことができるというわけだ。さらに、この羽の構造は、強い風を受けてもつねに安定な姿勢を保つことのできる機能を持つ。飛行機の翼が進行方向に短く後ろに長い形になっているのもそのためだ。このように飛翔に適した風切羽を持つ始祖鳥は、骨格が恐竜に似ていたとしても、間違いなく鳥なのである。

　羽毛はいくつかの段階を経て、風切羽にまで進化した（図1－5）。羽毛のはじまりは、爬虫類の鱗が伸びてできた単純な棘のようなものと考えられている。化石には残されていないが、多くの恐竜はこのような皮膚をしていた可能性がある。次の段階として、この棘が根元から枝分かれしたような状態になり、すなわち現生鳥類の体に生えているような羽毛が生まれる。私たちがこの段階の羽毛をダウンジャケットにして身にまとうように、羽毛はこの段階で断熱材としての保温機能の役割をはたすようになった。中華竜鳥に生えていた羽毛はこの段階のものである。第三の段階は羽軸と羽枝が伸びた状態で、中国鳥竜にはこのような羽毛が生えていたらしい。

第四段階は、さらに羽枝から小羽枝が伸びて、羽枝の長さが羽軸を中心に左右対称の状態である。現生鳥類の尾羽に見られ、飛翔時に方向を変えるときの舵および着陸時のブレーキの役割をはたしている。尾羽鳥やドロマエオサウルスの前脚と尾にはこの段階の羽毛が生えていた。そして、最終段階として羽枝の長さが左右非対称の風切羽が進化し、飛べる羽毛恐竜「鳥」となることができるのである。ニワトリやダチョウのように、飛べる鳥から二次的に飛べなくなった鳥の風切羽は左右対称に逆戻りしている。このことは、第四段階の羽毛を持つ鳥は飛べなかったことを裏付けている。このように鳥がいま飛ぶことができるのは、はじめ保温のためにだけ利用されていた羽毛が、徐々に飛翔のための道具へと進化していった結果なのである。

鳥が飛べる理由

風切羽のある翼は鳥にとって飛ぶための道具である。しかし、この道具さえあれば、どんな動物でも自由に飛び回ることができるかといえば、そうではないだろう。翼を使って飛ぶことができるようになるためには、体もそれに合わせて作り変えていかなければならないはずである[26]。

空を飛ぶためにはまず体を軽くする必要がある。鳥の持つ特徴のうち軽量化の手段としてまずあげられるのが、中空の骨である。その内部は構造を強くするために、天井裏の梁《はり》のような支持物が発達している。多くの鳥で、骨の重さは全体重の一五分の一程度しかない。しかし、中空の骨は獣脚類の特徴でもあったから、羽毛と同じように飛ぶための必要条件ではあっても十分条件ではないようだ。現生鳥類の中空の骨には気嚢という特殊な装置が組み込まれている。気嚢とは肺から多数枝分かれして出ている空気の入った袋で、内臓の隙間を埋めると同時に、その末端は中空の骨の中にも入り込んでいる。鳥は気嚢によって、空気を呼吸のためにだけでなく体を軽くするためにも利用しているのである。この気嚢こそが空を飛ぶための適応として鳥に新たに出現したと考えられていたが、先に紹介した「鳥もどき」のオルニトミムス類恐竜に見つかっている。したがって、体の軽量化のための基本的特徴は、活発に動き回る小型恐竜のときにすでに備わっており、離陸の準備はできていたということになりそうだ。

空を飛ぶためには、その重労働を支えるエネルギーを効率的に作り出せなければいけない。鳥は気嚢で貯蔵され出入りする空気を肺で絶え間なくガス交換することで酸素を最大限に利用し、効率的にエネルギーを作り出すことを可能にしている。燃料となる餌は軽い嘴を用いて取り入れられ、短い消化管を通って短時間で排出される。このような高い消化効率も、空を飛ぶための工夫である。ちなみに消化を助けるために、歯のない鳥では胃石の詰まった砂嚢を持つが、多くの恐竜がすでに砂嚢を持っていたことはすでに述べた。

飛ぶためになによりも必要なのが高い体温で、鳥では約四〇度といわれている。人間だったらまさに体が空中を舞っているような気分になるほどの高熱であるが、鳥ではこの高い体温が新陳代謝を促進し、激しい運動をするのに必要なエネルギーを得るのに役立っているのである。そして、この体温を維持するうえで大切な役目をはたしているのが羽毛である。余談ではあるが、翼竜もまた、空を飛ぶがゆえに温血性であったことが化石の調査からわかっており、爬虫類の鱗から発達した体毛によって体温を維持していたらしい。いずれにしろ、恐竜は羽毛によって内温性と恒温性を発達させたことで、空に飛び出すための条件を満たしていた。

　空を飛ぶためには、力強い羽ばたきを支える強固な土台となる骨格を持つ必要がある。現生鳥類の骨格の特徴は、強度を増すための体のさまざまな部分の骨の癒合である。背中の椎骨は癒合して肋骨《ろっこつ》によって胸骨と結合し、かごのような形をしている。腰椎も癒合して腰骨と結合し、骨盤部の椎骨も癒合して合仙骨《ごうせんこつ》という骨を形成する。尾の骨も数が少なくなるだけでなく先端部では癒合している。翼となった前肢では、指骨と掌骨の数も減少して癒合し、力強い羽ばたきに耐えられるようになっている（図1－2、図1－4）。

　飛行するための胸の筋肉（いわゆるササミ）が付着する部分の骨の発達も鳥の骨格の特徴である。全体重の四分の一にもなる強力な筋肉を、竜骨突起とよばれる下方に突出する広い板状の胸骨、支柱のような太い棒状の烏口《うこう》骨、鎖骨の癒合した叉骨、長い板状の肩甲骨でがっしりと支える。しかしながら、現生鳥類に見られるこれらの特徴の多くは、始祖鳥にはなかった。つまり、ただ自力で飛ぶだけならば、すなわち鳥の称号が与えられるだけならば、骨の癒合や竜骨突起は絶対条件というわけではなかったようだ。鳥が飛行のエキスパートとして進化していく過程で、徐々に獲得していったのだと考えられる。

飛べる恐竜が鳥ということは、飛行のはじまりが鳥のはじまりだということだ。

飛行のはじまり

しかし、いきなり飛べるようになったわけではないだろう。羽毛を持った恐竜の中に、ちょっとだけ長い間空中に浮揚できたものが現れて子供を残し、その中からさらに長く浮揚できたものが現れるということを繰り返していくうちに、自力で飛ぶことができる最初の鳥が現れたはずだ。問題は恐竜が浮揚のためにどのような手段を用いていたかということであり、いいかえれば、最初の鳥はどうやって飛んだかということである。古くから論じられ、いまだに決着のついていない二つの仮説がある。樹上性仮説と走行性仮説である。[27]

樹上性仮説とは、樹上で生活していた祖先が、はじめ木から木へと飛び移って移動していたのが、羽毛のついた前肢を広げて滑空できるようになり、やがて自力で羽ばたいて飛ぶようになったというものである。この説によれば、始祖鳥に残されていた前肢の三本の鉤爪は木をよじ登るのに役に立った。他の飛行生物である昆虫も翼竜もコウモリも滑空が飛行のはじまりと考えられており、また前述したように滑空する動物も数多くいることから、直感的にもイメージしやすい。一方、走行性仮説とは、地上を走って移動していた祖先が、羽毛のついた前肢をバタバタさせながら走るうちに少しずつ浮かんで移動できるようになり、やがて飛べるようになったというものである。樹上性仮説に比べるとイメージしにくいが、化石の推測から時速四〇キロメートルで走れた小型恐竜がいたらしいとなると話は別である。尾羽鳥のように、前肢には第四段階の羽根を持ち体も中空の骨によって軽いとなれば現実味もおびてくる。

樹上性仮説が正しければ、鳥はその起源において森林とは切っても切り離せない関係にあったということができる。逆に走行性仮説が正しければ、鳥はむしろ森林外の開けた場所とのつながりが強くなる。はたしてどちらの説が正しいのであろうか。その回答を与えることになりそうな化石が、中国遼寧省で発見された。一億二五〇〇万年前の地層から六体発見されたという体長約八〇センチメートルのその化石には、前肢ばかりでなく後肢にも太ももから脚の甲にかけて一〇センチメートル前後の羽がおおい、しかもその羽は左右非対称の風切羽の形をしていたのである（口絵-1）。四枚の翼で滑空するグライダー型恐竜であり、まさに羽毛恐竜と始祖鳥との間をつなぐ「失われた環」の大発見である。すでに名前の知られたミクロラプトル（小盗竜）という恐竜の仲間で、鳥にもっとも近いドロマエオサウルス類に分類される。この化石の発見は、飛行の樹上性仮説を圧倒的に有利にした。しかも最近の調査では、始祖鳥の後肢にも羽の痕跡があったことが明らかにされている。論争にまだ決着はついていないが、樹上性仮説すなわち「鳥は森で生まれた」説が一歩リードしたと考えてよいかもしれない。

始祖鳥から現生鳥類へ

鳥の骨は化石として残りにくい。始祖鳥の化石が発見されて一世紀半、いまだに最古の化石の地位を保持しているばかりか、一九七〇年代までに鳥の化石として知られていたものは、アビに似たヘスペロルニス（タソガレドリ）の仲間とアジサシに似たイクチオルニス（ウオドリ）の仲間くらいでしかなかった。どちらも白亜紀後期に海上で暮らしていた鳥たちであり、前者に歯があったことさえ除けば、癒合の進んだ骨格は現生鳥類のものであった。したがって、これらの鳥と始祖鳥との間には五〇〇〇万年以上という時間の開きがあり、形態も生息環境も大きく違うため、鳥の進化の道筋をたどるにはあまりにも溝が深すぎたのである。ところが、一九八〇年代に入ると世界各地で鳥の化石が発見されるようになった。とくに羽毛恐竜と同様に、いまや白亜紀前期のタイムカプセルとなった中国遼寧省の熱河層群からの鳥の化石の相次ぐ発見による貢献は大きく、始祖鳥以降の空白の五〇〇〇万年が徐々に埋められるようになってきている。

一九九四年の発見以来、数百体ともっとも多くの化石が発見されているのは、儒教の祖の名をつけられた孔子鳥（コンフシオソルニス）である（口絵-1）。中華竜鳥や尾羽鳥などと違って、風切羽で空を飛ぶことのできた正真正銘の鳥である。体長は二五センチメートルとハト程度の大きさで、翼には鉤爪が残り、手の骨も癒合はしていなかったものの、歯のない角質の嘴と数の少なくなった尾骨は、始祖鳥よりも現生鳥類に近い特徴であった。支柱のような鳥口骨を持っていたことから、飛行も始祖鳥に比べてより力強いものになっていたと考えられている。興味深いのは、これまで数百個体発見されているという化石の中には、雌雄ペアーと思われるものがあり、サンコウチョウのように雌に比べて雄が著しく長い尾羽を持っていたことである。このような飾り羽は、活発に動き回るには邪魔になり捕食者には見つかりやすいので、自然の中で生きていくうえでは不利である。それにもかかわらず、雄がそのような形質を進化させる原動力は雌による選り好みである（これを自然選択に対して性選択という）。異性にもてるには、それ相応の苦労が必要になるということだ。この鳥は群れで生活していたらしいこともわかっており、鳥における社会性が早い時点で確立されていたことが示唆される。

二一世紀に入ってからも、貴重な発見は相次いでいる。化石地層の名のついた熱河鳥（イェホロルニス）では、孔子鳥のような角質の嘴と尾骨の減少が見られず、現在のところ始祖鳥に次いで原始的な鳥とされている。注目すべきは胃の中に植物の胚珠が残されており、種子食性の適応を示していたことである。會鳥（サペオルニス）は同じように原始的な特徴を持っている体長約一・五メートルの当時最大の鳥である。これらの鳥を含めて始祖鳥から孔子鳥までが、もっとも原始的な鳥のグループとされている。[10]

もう一段階進んだ鳥のグループは、反鳥（エナンティオルニス）類とよばれ、前述の原始的な鳥たちと一緒に「古鳥類」にまとめられている。[10] 反鳥類の鳥たちは、体がスズメ大程度で小さく、後肢の第一指が他の指と完全に対向して木の枝をつかむのに適応していたことから、森林の樹冠内を飛び回っていた姿を想像することができる。しかも、大型化した胸骨によってより力強い羽ばたきができるようになったばかりでなく、手の第一指の部分に小翼という小さな羽を持つことで、体を空中で自由自在に操縦できるようになっていた。嘴の歯と翼の爪は小さくなり、尾骨もほとんど消失していた。このグループの代表的な鳥たちとして、グループの名前となっている反鳥のほか、一九八七年に発見されタイムカプセルのドアを開けるきっかけとなった中国鳥（シノルニス）、カワセミのように水辺近くの木にとまって水面の魚をとっていたとされる長翼鳥（ロンギプテリクス）、鱗と羽根の中間のような尾羽を持つ原羽鳥（プロトプテリクス）などがあげられる。

現生鳥類のように竜骨突起のある胸骨を発達させた鳥は、「新鳥類」として古鳥類とは分けられている。[10] 化石発見ですっかり有名になった地方名から遼寧鳥（リアオニンゴルニス）の名がつけられた鳥は、このグループに属する小型の樹上性の鳥である。しかし意外にも、義縣鳥（イシアノルニス）や燕鳥（ヤノルニス）といった白亜紀前期の新鳥類の鳥たちの多くは、後肢の指が長いことから、水辺の生活に適応し魚や水生生物をとって食べていたと考えられている。竜骨突起ばかりでなく、がっしりした烏口骨や完全に癒合した手骨を持ち、今の鳥と変わらない飛行能力を持っていた。白亜紀後期の化石に出現する海上性のイクチオルニスやヘスペロルニスも新鳥類の仲間である（後者は潜水性適応のために竜骨突起が二次的に消失していた）。しかし、翼の爪、歯、腹肋のような原始的特徴もとどめていたため、いずれも現生鳥類の直接の祖先ではない。

中国遼寧省の白亜紀前期のタイムカプセルは私たちに、始祖鳥以降二〇〇〇万年から三〇〇〇万年の間に、鳥は飛ぶ能力が高まる方向へと進化する一方で、形態ばかりでなく生息環境、食性、社会性にまで著しく多様化していたことを教えてくれた。また、今私たちが森林で見ることのできる鳥たちは、白亜紀前期に森林内で飛び回っていた鳥たちではなく、森林を出て水辺環境へ生息域を広げていった鳥たちから進化してきたらしいことも教えてくれた。しかしながら、鳥の化石記録はあまりにも少なく、現生鳥類の直接の祖先となる鳥がいつごろ分岐したのか（少なくとも白亜紀であることは確からしい）、そしてどのように現在見られる鳥たちに分化していったのかについて、詳しいことはほとんど何もわかっていない[11,12]。

1・3　森が鳥を進化させた

なぜ恐竜は絶滅したか

今からおよそ二億三〇〇〇万年前に地上に姿を現し、一億六〇〇〇万年以上にわたって地球生態系に君臨した史上最大の陸上動物恐竜は、鳥に変わったものを除いてすべてが六五〇〇万年前に突然姿を消す。恐竜絶滅の理由のもっとも有力な説と考えられているのが「巨大隕石衝突説」である。[2,13] 中生代と新生代を分ける境界の地層に、本来ごくわずかしかないはずのイリジウムという金属元素が異常に多く含まれることがその根拠となっている。直径一〇キロメートルと推定される隕石の衝突のエネルギーは広島型原爆の数千倍に相当するという。ちなみに、この説を唱えた物理学者アルバレスは、広島原爆投下の瞬間には、米軍機の一機に搭乗して上空からその様子を眺めていたらしい。

しかし、もっとも有力とされるこの説にも、多くの矛盾点が指摘されており、決着はついていない。それらの矛盾点とは、（1）隕石衝突の根拠となったイリジウムが大規模な火山活動によっても形成しうること、（2）恐竜は絶滅の一〇〇〇万年ほど前から急速に多様性を減少させていたらしいこと、（3）現生鳥類をはじめとする三〇パーセントの陸生生物は生き延びたことなどである。[5,14] 一番目の可能性から、隕石衝突に変わる可能性として最近支持されているのが、地殻変動を地球表層部のみの動きから説明するプレートテクトニクス理論に対して、地殻内部のマントルの動きも含めて説明しようとするプルームテクトニクス理論である。[15] この理論によると、周期的なマントルプルームの上昇によって、地球規模の火山活動が生じるらしい。しかし、この説は巨大隕石に代わる恐竜の突然の絶滅の原因を提示したにすぎず、二番目と三番目の矛盾を説明できない。巨大隕石であれ大規模な火山活動であれ、それに続いて起こったと考えられる寒冷化であれ、多様性の絶頂期にある生物のすべてを死滅させることはありえないのではないだろうか。やはりなんらかの影響で衰退し多様性が低下していたところに、これらの一撃によってとどめを刺されたと考えるほうが自然であるように思う。

花に追われた恐竜

それでは白亜紀末期の恐竜の多様性の消失は、どんな要因によってもたらされたのであろうか。気候変動や海水面低下などの地質学的要因もあげられてきているが、ここでは植物との相互作用という生態学的要因によって説明しようとする決して主流ではないけれども、私がもっとも可能性が高いと信じているシナリオを紹介する[16]。

地球上の大陸はもともとパンゲアとよばれる一つの大きな固まりで気候は乾燥していた。最初の森が出現したのは約三億五〇〇〇万年前の古生代石炭期で、その構成種はシダ類やトクサ類などの胞子で増える無性植物であった（これらの植物化石が石炭である）。海から上陸したばかりのこれらの植物は、海草などと同じように繁殖には水が必要だったため、森の分布は水辺に限られていた。やがて登場したイチョウ、ソテツ、針葉樹などの裸子植物は、乾燥した場所でも生育できる種子を持ち、主に風による花粉媒介と種子散布によって大陸全体に分布を広げるようになった。

中生代三畳紀（二億三五〇〇万年前）になり大陸が分裂しはじめるにしたがって、気候も湿潤温暖化し、巨木化した裸子植物の大森林が大地をおおうようになっていた。その三畳紀も終わりをむかえるころ、最初の恐竜が登場する。はじめのうちは小形で地表近くのシダやコケを食べていた恐竜も、頭上に広がる莫大な量の木の葉を見逃すはずはなく、ジュラ紀（二億八〇〇〇万年前）に入ると徐々に巨大化していくことになるのである。全長二一メートルのアパトサウルスが最大とされていたのは遠いむかし、その後ウルトラサウルス、スーパーサウルスと最大の化石が見つかるたびに巨大さを競う名前がつけられ、現在最大のものは体長三五メートルのセイスモサウルスで「地震竜」と名付けられている。ゾウガメをもとにした計算によると、巨大恐竜たちは一日一頭当たり一トン近くの植物を食べていたことになるそうだ。彼らは森を破壊的に食べつくしては、また別の森へと群れで移動していたのだと考えられる。裸子植物の巨木の森は巨大草食恐竜を支え、さらにそれらを捕食する肉食恐竜たちを支えていたということになる。

白亜紀（一億四五〇〇万年前）になると花をつける被子植物が誕生した。昆虫に花粉を運んでもらって受精する被子植物は、裸子植物に比べて格段に効率よく繁殖できるようになり、世代交代を早めることで飛躍的な進化が可能になった。その結果、白亜紀後期（九七〇〇万年前）には、恐竜を支えていた裸子植物の森林は衰退し、広葉樹林が地球上の大部分をおおうようになっていた。森林植生の変化とともに、草食恐竜たちも高いところにある餌を食べる巨大恐竜から、トリケラトプスのように草原化した低い植物を食べるのに適した恐竜へと代わっていった（図1-1）。しかし、食べつくす破壊者としての習性は変わらなかったと考えられる。そのような草食恐竜に対して、被子植物は有毒物質による化学的な防御（3章参照）を急激に進化させていったが、草食恐竜はそのスピードに追いつけずに食中毒にかかって個体数を減らしていったのではないだろうか。草食恐竜の多様性や個体数の減少にともなって肉食恐竜をも衰退していったに違いない。

図1-6　花をつける植物と一緒に走り続けている昆虫と鳥と競走に負けた恐竜

ルイスキャロルの名作『鏡の国のアリス』の中で、赤の女王に引きずられるまま全速力で走り続けたのに少しも進んでいないのを知ってとまどうアリスに対して、女王はこういう。「ここでは、同じ場所にいようと思ったら、できる限りの早さで走ることが必要なのさ。[17]」この有名な一節は、生物間の相互作用にともなって生じる進化、すなわち「共進化」をなぞらえるのに使われ「赤の女王仮説」とよばれている。このたとえを用いるならば、恐竜は植物とのかけっこ競走に敗北してしまったということになる（図1－6）。

花と共生する鳥たち

動物に食べられるだけであった植物は花をつけることで、動物とともに生きはじめた。動物に蜜などの報酬を与えて花粉を運んでもらうことで効率よく繁殖する。また、種子をめしべの中に作って果実を作り、それを動物に食べてもらうことで種子を運んでもらうのである（2章参照）。花をつける植物が最初に利用したのは昆虫である。白亜紀後期には被子植物の主要なグループが出そろい、それにともなって昆虫も複雑に進化し、八〇〇〇万年前から七〇〇〇万年前には昆虫の主要なグループもまた出そろったとされている。被子植物はまた、葉を食べる昆虫に対して有毒物質を進化させたが、昆虫は恐竜と違って繁殖力が大きいために、毒に対する耐性を進化させ植物食の専門家になるものもいた(3章参照)[14]。このような被子植物や昆虫の多様性の増加に合わせて、現存する森林性の鳥の大部分を占め果実や昆虫を主食とするスズメ目の鳥たちもまた、七〇〇〇万年前にはすでに出現していたと推定されている[17]。

ところが、恐竜が絶滅した六五〇〇万年前には、始祖鳥を祖先とする古いタイプの鳥たちもまた絶滅してしまった[11]。これはなぜだろうか。化石がない以上、推測するしかない。以下は、著者による大胆な仮説である。前述した新鳥類の初期グループから現生鳥類の直接の祖先となるグループに分岐した鳥たちははじめ水辺や草原などを利用していたが、白亜紀の後期になると、その一部が原始的な鳥たちの棲む森林に戻っていったのではないだろうか。はじめのうちは先住者も新参者も共存していたが、花をつける植物やその花を利用する昆虫たちの急激な進化が両者の運命を変えることになったのだろう。すなわち、新しいタイプの鳥たちが植物や昆虫の進化に合わせて、形態や行動を柔軟に進化させていくことができたのに対して、古いタイプの鳥たちはそれができなかったのではないだろうか。原始的な鳥たちは昆虫を主食としていたと思われるが、形態上の制約があって、シジュウカラ類がするように枝にぶら下がって葉の下にいるイモムシを捕らえたり、ヒタキ類がするように飛んでいる虫を飛びついて捕まえることが苦手だったに違いない(4章参照)。また、果実を食べるものもいたに違いないが、恐竜ゆずりの強靭な砂嚢のために種子散布の役目をはたすことができず、植物との共進化を発達させることができなかったに違いない。そうして原始的な鳥たちは現生鳥類との餌をめぐる競争に負けて、白亜紀の終わりのころには絶滅した恐竜と同じように衰退してしまっていたのではないだろうか。おそらく、森林以外の環境においても状況は同じであったろう。

2章
鳥が森を作る

2・1　種子をまいて森を広げる

種子の親離れ

毎年春になると、森の中ではスミレなどの草本類に混じってたくさんの樹木の実生が地中から顔を出す。ときには種子の大豊作で地表一面が緑の絨毯でおおわれてしまうこともある。森林更新の調査では、発生後の生存と成長を追跡するために、この一本一本の実生の近くに番号札付きの針金をさしていくのだが、あまりに数が多いとどの札がどの個体のものだったかわからなくなってしまうほどだ。そんなふうに実生のたくさん見つかる種類では、周りにも同じ種類の親木が見つかるのが普通であるが、数の少ない種類の中には、周りのどこを探しても親木が見つからないものが出てくることがある。いったいどこからやってきたのかと思いをめぐらせる楽しい瞬間である。植物の多くは、水、風、動物と乗り物に違いはあっても、なにがしかの方法で種子を遠くへ運んでもらう（図２－１）。それが種子散布で、自ら動くことのできない植物が分布を拡大し子孫を繁栄させていくための重要な戦略の一つである。

植物はなぜこのような種子散布を行うのであろうか。これまで提唱されてきた主要な仮説に、空間的逃避、移住、指向性散布の三つがある[1]。空間的逃避仮説は、親木の周辺には種特異的な植食者や菌類などの天敵が多く、密度依存的な競争や捕食も起こりやすいため、できるだけ遠くへ散布されるほうが有利だという考えである。たとえば、実生の葉を食べるイモムシは樹冠から降りてくるのが普通で、葉の好みも樹種特異性が強いので、親木に近いところにある実生ほどイモムシに食べられる危険

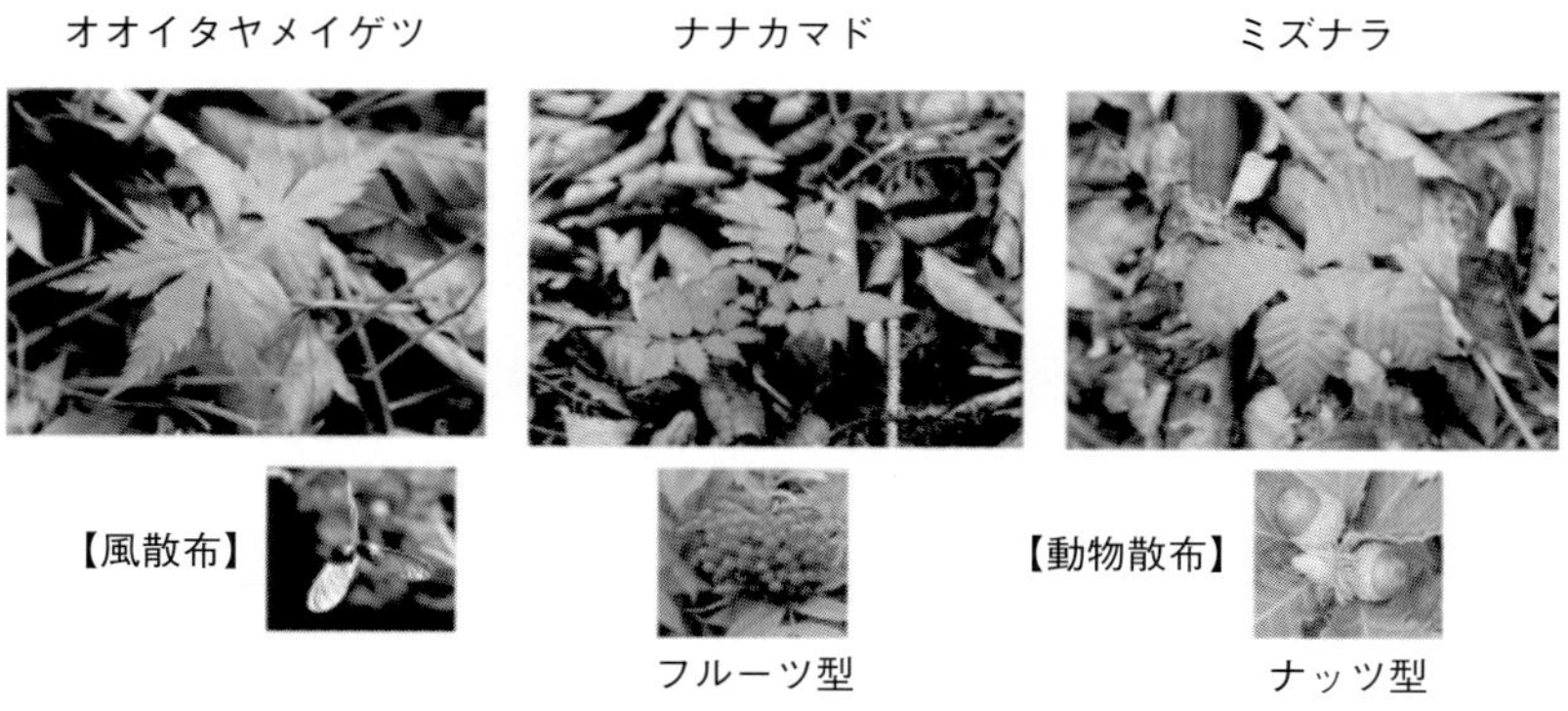

図 2-1　種子散布様式の違う樹木 3 種の実生と果実（写真提供：伊東宏樹氏）

性が高い。また効率性を上げるために密度依存的に餌を探す種子食性の動物は、種子のたくさん落ちている親木の下を集中的に採食をするので、離れたところにポツンと落ちているような種子は見逃される可能性が高い。鳥は飛び回ることで広い範囲をすばやく移動するので、植物の種子の親離れにはたす貢献度は、他の動物に比べてかなり高いだろう。

移住仮説は、種子がより広い範囲に散布されることで、発芽や生存に好適な場所に到達する可能性が高まるというものである。台風などで大木が倒れたあとなどにできる林冠のギャップは、その好適な環境の一つである。風散布の種子では、散布範囲を広げるためには種子を小さくしなければならず、そのぶん栄養分が少なくて定着可能な環境が限られるというトレードオフがあるが、鳥によって散布される種子にはそのようなトレードオフが必要ないために、移住仮説はより有効だと考えられている。ただし、鳥による散布には止まり木があることが必要であるため、できたばかりのギャップよりも低木が見られる程度にまで植生が回復したギャップに多くの種子が運ばれることが多い。[2] 最近では鳥のこの性質を利用して、伐採跡地や道路のり面に鳥用の止まり木を人為的に設置して、自然林の再生や緑化を促進しようという試みが行われはじめている。

移住仮説では、ランダムに散布された種子が好適な場所に運ばれるかどうかは確率的に決められるのに対して、指向性散布仮説は、特定の種子散布者によって好適な場所に運ばれるというものである。その代表的な例はアリによる種子散布で、種子についた脂肪体を餌として提供する見返りに地中の巣穴に運んでもらうというものである。巣の中では乾燥や種子食動物による捕食を避けることができるために、種子にとってはこのうえない定着場所となる。しかし、鳥の場合には、散布される種子がいつも好適な場所へと運ばれるということはありそうにない。あえて可能性のありそうな候補をあげるとするならば、フルーツ型の果実をつけるツル性の植物であろうか。なぜならば、鳥が枝にとまって排出した種子のそばには、発芽後に巻きつくことのできる木が準備されていることになるからである。しかしながら、鳥はいつも幹の近くにとまるわけではないから、定着の成功は幹からの距離によって確率的に決まることになるだろう。粘り気のある種子を持つヤドリギなどの着生植物もまた、鳥の糞が樹木上に落とされることを当てにしてはいるが、地上に落とされてしまう確率もかなり高いに違いない。したがって、鳥による種子散布のほとんどは、はじめから目的地のある旅ではなく、どこへ運ばれるかは鳥まかせ、うまく定着できるかどうかは運次第だといってよいだろう。

風まかせ鳥まかせ

前章で述べたように、恐竜が登場する前に栄えた胞子植物は水まかせ、恐竜全盛時代に栄えた裸子植物は風まかせで散布された。そして、動物による種子散布を進化させた被子植物の繁栄によって恐竜は衰退していった。植物の進化とともに、タネの散布方法も進化してきたといってもよい。もちろん、カエデ類やカンバ類のように森林の高木となる被子植物には風散布のものが多く、イチイやハイマツなどの裸子植物は動物散布であるから、正確には植物の進化とともに散布方法が多様になってきたといったほうが正しい。風まかせのタイプの種子には、風を受けて遠くへ飛ばしてもらうために軽くて薄い翼や長い毛がついている。カエデ類の種子には二つに分かれたプロペラのような翼がついていて、風が吹くと竹とんぼのように空を舞いクルクルと回りながら着地する（図2－1）。翼を持つ種子の飛散距離は通常で三〇〜五〇メートルであるが、うまく強風に飛ばされることができれば、カンバ類で最大一キロメートル、タンポポのような長毛を持つヤナギ類では二〇キロメートルも遠くまで飛ばされるものもあるらしい[3]。

動物散布の中でもっとも原始的なのは、種子自体やその殻に粘着物、鉤《かぎ》、棘《とげ》などがついていて、哺乳類の毛や鳥の羽毛にくっついて運ばれる方法で、草本にはこのタイプが多い。野原や藪を歩くと衣服にたくさんくっついてなかなか取れなくなるあの厄介ものである。動物たちが一日に何度か行う毛づくろいや羽づくろいのときに他の汚れと一緒に落とされる。私の故郷の宮崎では、ピーナッツほどの大きさの殻に鉤状のトゲを持つオナモミの種子を「バカ」とよんで、子供のころには遊びで相手の服にめがけて投げつけ合ったものである。林床を動き回るキジ（*Phasianus colchicus*）、ヤマドリ（*Syrmaticus soemmerringi*）、コジュケイ（*Bambusicola thoracica*）などのキジの仲間は、この付着型の種子を羽毛にたくさんつけて運んでいるに違いない。このような付着型の種子を持つ植物は、散布してくれる動物をただの運び屋として利用している。動物は一方的に利用されているだけであるが、それによって不利益をこうむるわけではない。このような生物間の関係を「片利的関係」という。毛や羽毛を持つ動物の登場が、このような種子散布方法を進化させたといってよいだろう。もしかしたら、白亜紀の羽毛恐竜たちも体に「バカ」をつけて地上を走り回っていたかもしれない。

このようなキセル乗車型の動物散布に対して、樹木には果実を切符代わりに動物に提供して種子を散布してもらっているものが多い。このタイプの種子散布における植物と動物の関係は、双方が利益を得る「相利的関係」である。動物側が報酬である果実をどう利用するかによって、さらに二つのタイプがある（図2－1）。一つは動物に果実が実際に食べられて、種子が移動中糞やペリットとして排出されることで散布されるもので、報酬は種子の周りの果肉である。風をあてにできない森林内の低木にはこのタイプの果実を持つものが多く、散布者となる国内の鳥には、留鳥のヒヨドリ（*Hypsipetes amaurotis*）、ムクドリ（*Strunus cineraceus*）、メジロ（*Zosterops japonica*）、冬鳥のツグミ（*Turdus naumanni*）、シロハラ（*Turdus pallidus*）、キレンジャク（*Bombycilla garrulus*）などがいる。別のタイプは、動物により貯食のために運ばれる果実の一部が途中でこぼれ落ちたり、隠した場所を忘れられたりして、食べ残されることで散布されるものである。この場合の報酬は食べられてしまった他の果実である。ミズナラやブナなどの高木と高山帯のハイマツはそのような果実をつける樹木の代表で、散布者となる鳥には貯食習性を持つカケス（*Garrulus glandarius*）、ホシガラス（*Nucifraga caryocatactes*）、ヤマガラ（*Parus varius*）などがいる。

英語にすれば、前者のタイプの果実はフルーツ、後者のタイプの果実はナッツと大まかにおよび分けることができる。種子が動物に散布されるためには、フルーツ型果実はまず食べられることが、ナッツ型果実はまず貯食されることが必要である。そのうえで肝心の種子を食べられずに生き残らせなければいけない。この食べられることと食べられないことが同時に達成されなければ、植物の動物による種子散布は成功しないのである。

鳥とフルーツ

フルーツ型果実の特徴は、鳥への報酬となる栄養たっぷりのジューシーな果肉である。果実は成熟するまでは、堅くてまずく、色も周りの葉っぱと同じ緑色をして目立たぬようにして、昆虫などの鳥以外の動物に食べられないようにしている。果肉が成熟して甘く柔らかくなると、果肉を包む皮が一気にあざやかな赤や黒の目立つ色へと変わり、視力と色覚の発達した「空飛ぶ運び屋」に向けておいしい食べ物の存在を宣伝する。一方、肝心の種子は、鳥の胃液で消化されたり砂嚢で傷付けられないで排出されるように堅い種皮に保護されている。このように、果実は鳥に対する果肉の誘因性と種子の防御性を併せ持つことによって、鳥による種子散布を可能にしている。逆に、果実はこの性質を持つがゆえに、鳥に食べられないで果肉や種皮が残ったままだと、種子の発芽能力が落ちてしまうことになる。

一方、鳥もフルーツ型果実の良きパートナーとなるためにはいくつかの条件が必要となる。果実を丸ごと飲み込むことのできる基部の幅が広くて柔らかい嘴や種子を傷付けずに処理することのできる筋肉が少なくて薄い壁を持つ胃と短い腸である。[4] これは熱帯林に生息する果実食専門の鳥に共通の特徴である。果実の種類が多く果実をつける樹木が一年中豊富に存在するため、このような特殊化が進

図 2-2　木の実をくわえるヒヨドリ（写真提供：山口恭弘氏）

化したのである。これに対して、温帯林では、果実が生産されるのが主に一一月から二月までに限られ、それ以外の季節には昆虫や花蜜を食べる必要があるので、熱帯林の果実食専門の鳥ほどに特殊化の進んだ鳥はいない。それでも、わが国の重要な種子散布者であるヒヨドリは上で述べた条件に近い嘴を持っており、昆虫を捕まえるのはあまり上手ではない（図2－2）。消化器官についての情報はないが、どんな果実の種子も無傷で排出し発芽可能であることから、おそらく上の条件をある程度満たしているに違いない。メジロもまた果実食の鳥として知られているが、そのとがった嘴やブラシ状の舌は花蜜食の鳥のものである。しかし、ヒヨドリと同じように果実を丸飲みして無傷の種子を排出していることから、種子散布への貢献度は低くないに違いない。

鳥はどんなタイプの果実を好んで食べるのであろうか。果実の七〇パーセント以上が赤か黒であることから、まず鳥に対して目立つ色が鳥に選択されてきたことは間違いない。赤か黒のどちらかといえば、やはり目立

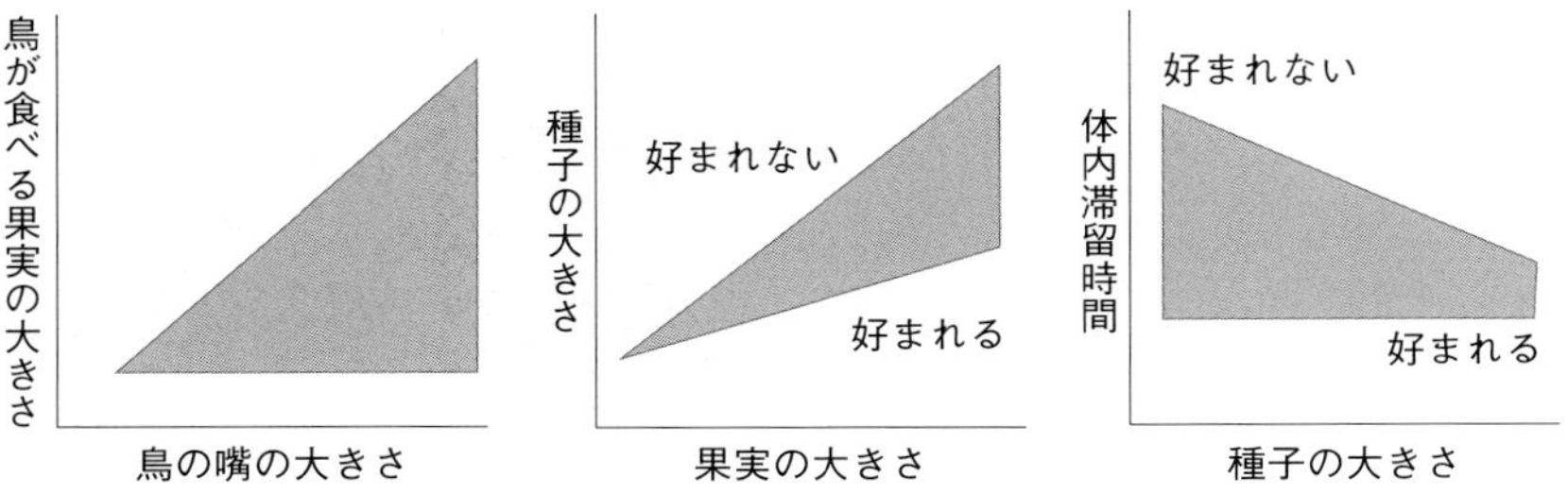

図 2-3　果実や種子の大きさと鳥による選好性。左から：嘴の大きな鳥ほど食べる果実の大きさの範囲が大きくなること、果実の大きさに比べて種子の大きさが小さいものが鳥には好まれること、種子の体内滞留時間が小さい（一般に種子サイズが大きいほど減少）ものが鳥には好まれることを示している。

つのは赤なのであろう。その証拠に気候帯間で両者の比率を比較すると、鳥の種類や数の少ない寒いところでは暖かいところよりも、目立たせる必要があるために赤い果実が多くなるらしい。[5] 果実の大きさも重要である（図2-3）。鳥に果実を丸ごと飲み込んでもらうためには嘴の大きさよりも小さくなくてはいけない。一般的に、小さな嘴の鳥は小さな果実しか食べられないが、大きな嘴の鳥は小さな果実から大きな果実まで食べるので、果実の大きさの限界はそれぞれの地域に棲むもっとも大きな鳥の嘴のサイズで決まる。[6] したがって、わが国で鳥に散布される果実の大きさは、ヒヨドリが食べることのできる大きさのものばかりということになるだろう。ヒヨドリがいなくてメジロしかいないようなところでは、小さな果実をつける樹木ばかりが生育しているはずである。逆にいうと、大きな嘴を持つ果実食の鳥の絶滅は、大きな果実をつける樹木の絶滅をも引き起こす可能性が高いことになる。

それでは、植物は大きな種子と小さな種子のどちらをつけるのが得策であろうか（図2-3）。果実の大きさが同じであれば、鳥にとっては種子が小さくて果肉の多いものを好むだろう。[7] しかしながら、植物にとっては、報酬を少なくして生存率の高い大きな種子を運んでもらうほうが有利だと思われるので、悩ましい問題であろう。それでは、種子と果実の比率が同じ場合にはどうであろうか。ここで重要なのは、小さな種子のほうが鳥に採食されてから排出されるまでの時間が平均的に長いという関係である。[6] ところが、植物にとっては、できるだけ遠くへ散布してもらおうとするならば、小さな種子が望ましい。ところが、いつも体を身軽にしておきたい鳥は滞留時間の短い大きな種子を好むので、量をたくさん散布してもらおうとするならば、大きな種子が望ましい。ここでもまた、大きな種子をつけるか小さな種子をつけるかで、植物には葛藤が生じる。植物の種類によって種子や果実のサイズがさまざまなのは、そういった複雑な理由があるのだろう。

また植物側としては、鳥に好まれる果実を単純に作れないもう一つの事情がある。それは誘因性の高い果実を作ると鳥による、親木での滞在時間や同種個体の訪問頻度が増加してしまい、種子散布範囲が限られてしまう危険性があるからである。[2] そのため、果実をつける時期を他の樹種と同調させ、かつ自種にばかり鳥を誘引させないことが必要となるのである。目立ちすぎるのもほどほどにして周りとの協調関係を保つことが、結果として自分のためになり、森林全体の植物の多様性を維持することにもなるというわけだ。「友達の友達は友達だ」という歌詞の歌が昔はやったことがあるが、種子散布者を共有する樹種間の関係はまさにこのようなものといえるかもしれない（図2‐4）。鳥の果実の好みを左右すると思われる要因には、これまでに紹介した色、大きさ、種子‐果肉比、体内滞留時間などのほかにも、栄養価、味、処理時間当たりに得られるエネルギー獲得量、枝からの取りやすさなどがある。これまで多くの研究によって、鳥による果実の好みが調べられてきたが、どれ一つと

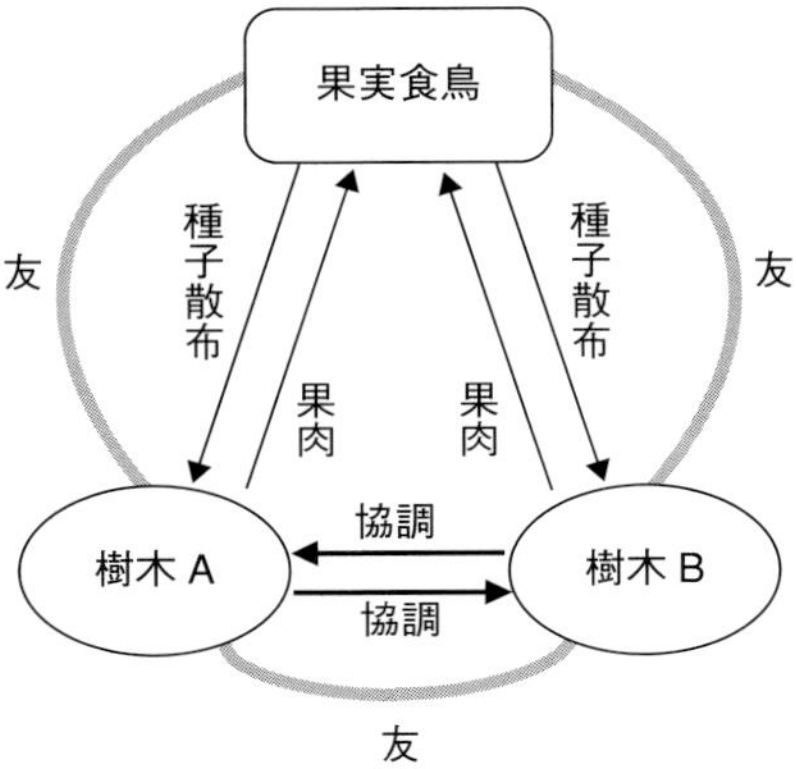

図 2-4　鳥に種子散布をしてもらう樹木どうしの関係「友達の友達は友達」

して一つの要因で明確に説明できたものはない。これは、それぞれの果実が鳥を誘引しすぎないようにした結果だといってよいだろう。

ともに走る進化

前章で述べたように、フルーツ型果実と種子散布をする鳥との間の相利的な関係は、恐竜や古いタイプの鳥類がはたしえなかったと推測される被子植物との共進化の産物である。果実食性の鳥はもともと種子食性の鳥だったと考えられている。そのような鳥に対して果実ははじめ食べられないように種子の防御を発達させたが、その中にわずかな確率で鳥によって散布される利益を享受するものが生じた結果、今度は樹木側がそれを利用するために果肉を報酬として鳥を誘引するようになったのだと考えられている。[9] そのような果実の進化に合わせて、鳥側も果肉のみを食べて種子を排出することのできる嘴や消化器官などの適応を獲得したものが果実食性を進化させてきたのであろう。樹木側が先導して走ってきたには違いないが、それに遅れないようについてきた鳥のみがいま、果実食の専門家としての地位を確立しているのだ。途中で走るのをやめた樹木は風散布に逆戻りし、途中で走るのをやめた鳥は種子食を維持しているのかもしれない。

　このような共進化は環境条件や歴史にも影響を受ける。すでに述べたように、果実と種子食鳥の洗練された共進化は、一年中果実のある熱帯林で生じている。熱帯林では鳥ばかりでなく果実食専門のサルも種類が多いために、樹木のほとんど（七〇〜九〇パーセント）はフルーツ型の果実をつける。一方、季節性のある温帯林では果実食専門の動物が少ないために、そのようなタイプの樹木は少なく（一〇〜五〇パーセント）、風散布などに依存しているものが多い。とはいえ、たとえばわが国では、果実生産がピークとなる秋から冬にかけては、ヒヨドリやメジロに加えて果実食の冬鳥が飛来することもあって、鳥とフルーツの間にはそれなりの良好な適応的関係が維持されているといってよい[10]。

ところが、アフリカ大陸から東方に四〇〇キロメートルほど離れて浮かぶサツマイモのような形をしたマダガスカル島（面積は日本の一・六倍）では、少し様子が違っている。この島の熱帯降雨林の下層部で果実を食べる鳥はマミヤイロチョウ（*Philepitta castanea*）しか生息していない。ところが、この鳥の細長くて下に曲がった嘴と半ストロー状になっている舌の構造は花蜜食の鳥のものである。発芽実験でも、この鳥に食べられて排出された果実の種子は発芽率が落ちることが確かめられた[11]。それればかりか、果実についても、果肉がついたままのほうが種子の発芽率が高いという結果が得られ、鳥による種子散布に適応していない可能性が示唆された。

これはどうしたことであろうか。本当のところはわからないが、おそらく樹木と鳥の相互作用の歴史が関係している可能性がある。マダガスカルは、ゴンドワナ大陸の分裂のときにアフリカ大陸から分断されはじめ、その後一億六〇〇〇万年という長い隔離のために固有性の高い独自の生物相を進化させている。それはマダガスカル号の船出のときから乗船していた植物で顕著である。ところが、鳥は完全に大陸から切り離されたあとに島に侵入し定着できたものだけに起源している（6章参照）。

マミヤイロチョウはもともと花蜜食であった鳥が、最近になって果実を食べるように変化したものであろう。そのため、鳥と樹木の間の相互作用の歴史が短く、他の地域で見られるような種子散布を通しての共進化が進んでいないのだと考えられる。

鳥とナッツ

「ドングリころころ」と歌われるようにドングリはかつて重力に任せて転がっていくだけのもっとも原始的な種子散布をしていたと考えられていたが、いまでは動物による散布を疑うものはいない。ナッツ型果実の特徴は、動物による貯蔵のために種子そのものが大きくて栄養があり、かつ乾燥に耐えられるように固い殻におおわれていることである。さらにドングリでは、種子が大型化しているために発芽の方法も特徴的である。他の樹木の種子では子葉がまず地上で出たあとに本葉が伸びてくる（地上子葉性）のに対して、ドングリでは子葉が地下に残り、本葉が地中から伸びてくるのである（地下子葉性）。また大きな種子の中には栄養も豊富に蓄えられているため、一年目から大きな葉をつけ成長量も大きい。

フルーツ型の果実と決定的に違うのは、散布者には種子そのものが報酬であるということである。そのため、種子散布の目的を成就させるためには、少なくとも一部は食べられないで生き残る必要がある。散布者が健忘症の個体ばかりであればよいのであるが、貯蔵場所に対する記憶力は大したものので、通常は冬の間に一つ残さず食べられてしまう。しかし、どんなに記憶力抜群でも、貯蔵場所の数が増えていくにしたがって忘れてしまう確率は高まるはずである。かりにすべて覚えていたとしても、充分に餌があれば、食べずに放っておく場所も出てくるに違いない。ミズナラやブナのように、ナッツ型果実を作る樹木は、果実生産の豊凶の差が年によって激しいことがよく知られているが、それはまさに貯蔵された種子を食べられずに生き残らせるための戦略なのである。つまり、凶作の年に散布者の密度を低く抑えておけば、豊作の年には物忘れや食べ残しの確率が高まると考えられるからである。[3]

ナッツ型果実のもう一つの特徴は、タンニンなどのように味をまずくし、しかも大量に食べると成長を阻害したり死にいたらしめたりする物質を持つことである。私たちがナッツ型果実であるクリやクルミを食べるときに灰汁であく抜きをして苦みをとるのはそのためである。北米のアオカケス（*Cyanocitta cristata*）はドングリの重要な散布者であるが、実験室でドングリだけを与えて飼うと、アオカケスの体重はみるみる減少していくらしい。[12] このように体に有害であれば、食べる方もなんらかの対策を取る必要が出てくるが、詳しいことはまだ明らかになっていない。少なくとも貯蔵のためにドングリを地面に埋めてもタンニン量が減らないことは確からしい。

タンニンはドングリの上半分（とがったほう）に多く、動物は主にタンニンの少ない下半分（帽子のついたほう）を食べているのだという報告もある。[13] しかも、胚軸は上半分にあるので、この部分が食べられなければドングリの発芽能力は充分にあるらしい（ただし養分が少なくなる分生長量は小さくなる）。もしそうだとすれば、ドングリの下半分は散布者への報酬として散布されていることになる。このドングリの上下間の役割分担の効果は、フルーツ型果実の果肉と種子の効果に比べればはるかに小さいものであろうが、ドングリはただで食べられるわけではないということになりそうだ。ドングリ側の防御によって食べる側の労力が増えれば、食べられずに生き残る確率も少なからず増加するに違いない。

図 2-5　ドングリをくわえるカケス（写真提供：中川雄三氏）

花壇にタネをまくときには、深からず浅からずの穴を掘って埋める（種子サイズの二・五倍がもっとも良いらしい）。そうすることで種子が乾燥して死ぬことなく発芽させることができるのである。風散布の種子やフルーツ型果実の種子は地上に落ちるだけなので、発芽にいたるにはなんらかの作用によって落ち葉や土におおわれる必要がある。しかし、動物による貯蔵は地中に埋められるのが普通なので、ナッツ型果実の種子は有利である。といいたいところであるが、この方法にも問題がある。動物による貯蔵法には、大きく分けて巣穴貯蔵と分散貯蔵があるのである[3]。前者はネズミやリスによって行われる方法で、地中深く埋められることが多いので、地下子葉性であるとはいえ本葉が地上に達する前に力つきてしまう。一方、分散貯蔵は適当な深さに埋められるので、ドングリにとって好ましい。巣穴貯蔵をする哺乳類もこの方法を併用するが、カケスの貯蔵はもっぱらこの方法で行われる。そのため、ドングリにとってカケスは、ベストパートナーだといってもよいだろう（図2－5）。

学生時代に北海道で沢登りをしていたときにいつも悩まさ

れたのは、沢を登り詰めたあと尾根筋の山道に出るまでのハイマツこぎである。ハイマツは裸子植物であるにもかかわらず、丈が低いために風散布ではなく動物散布に適応したナッツ型の種子を持っている。このハイマツの種子散布に欠かせないのが、英語でナッツ・クラッカーとよばれるホシガラスである。北海道アポイ岳で行われた調査では、ヤマガラ、ゴジュウカラ（*Sitta europaea*）、エゾリス、シマリスなどの対抗馬をはるかにしのいで、ハイマツ種子のなんと九六パーセントがホシガラスによって貯蔵場所に運ばれていた[14]。この大量運搬の決め手となるのが、飛翔による高い移動能力と一度に平均して一四〇個ものハイマツ種子を貯め込むことができる大きな喉袋《のどぶくろ》である。リスたちでさえ一度に運ぶのは四〇個程度であり、ヤマガラやゴジュウカラにいたっては一度に一個ずつしか運ばないのだから相手にならない。ただし、ホシガラスの種子の主な運搬先は棲みかである針葉樹林の中で、ハイマツ内には全体の二割程度しか運ばれない。しかも、そのほとんどは忘れられずに食べられてしまう。しかし、登山者を悩ませるあの繁茂ぶりをみれば、ハイマツにとってはその程度で充分なのであろう。ちなみに、ハイマツはドングリと違って地上子葉性であるから地中に埋められることには適応していない。ところが、ホシガラスは種子を通常数個をまとめて埋める習性を持っているために、単独の子葉では持ち上がらない土も複数の子葉が力を合わせることで地上に顔を出すことができるらしい[3]。

子供のころドングリをいっぱい拾ってきて、宝物のように大事に箱の中にしまっておいたら、箱の中が白いイモムシだらけになっていたという経験をした人もいるのではないだろうか。これはゾウムシの仲間の幼虫である。まだドングリが青いうちに産みつけられた卵からかえり、ドングリの中身（子葉部分）を食べて育ったものが出てきたのだ。野外ではその後、土中でサナギになって越冬し夏に成虫になって出てくるのである。このドングリ虫もまた、タンニンの少ないとされるドングリの下側に産みつけられそこから中身を食べはじめる。そのため、虫害にあっても上側の胚まで食べられなければ発芽は可能であり、とくに大きなドングリほどその確率は高くなる。とはいえ、虫害にあったドングリが生き残る確率はそれほど高くなく、ミズナラでは一割以下にすぎない[15]。

虫入り果実の好み

ところで、虫に食べられた果実は鳥の好みにどう影響をおよぼすであろうか。これまでの報告によると、忌避される場合と逆に好んで食べられるようになる場合の両方があるようである[16]。忌避される理由としては、昆虫によって加害された果実では、結実が阻害されたり排泄物などによって味がまずくなること、逆に、選好される理由としては、虫も一緒に食べることでタンパク質や脂質などの栄養価が高まることや防御物質の効果を弱める作用が虫にあることなどがあげられている。ナッツ型果実食者の中には、ゾウムシの幼虫が入った堅果はその場で食べて、未加害のものを貯食するものもいるらしい。フルーツ型果実食の専門家は一般に虫を捕まえるのが上手ではないので、虫も一緒に食べてしまうのは悪い方法ではないかもしれない。

では菌に感染した果実に対する鳥の好みはどうであろうか。菌は果実の味をまずくしたり栄養価を下げ、さらに果実の変色や腐食などによってその存在を示すことで、果実を食べる動物に食べられないようにしているという説がある。[17] 実際これまでの報告では、菌に感染した果実は忌避されているようだ。昆虫の場合と違って、鳥が菌に感染した果実を好むという例が報告されていないのは、菌そのものには栄養的な価値がないからであろう。

このような虫害や菌害の有無が鳥による果実の選好性に対して相乗的な効果をもたらすことが知られている。[16] たとえば、虫や菌に加害された果実の多い木では健全な果実まで鳥に採食されなくなったり、加害された木が周辺にあると健全な木まで鳥に利用されなくなるらしい。つまり、虫によって食われた以上の悪影響が木全体あるいは森林全体におよんでしまうのである。逆に、虫による食害が鳥によって選好される場合には、健全な果実は、食害されている果実が周辺にあると鳥によく食べられるという報告もある。

このような相乗効果は、種子散布に大きく影響するので樹木側にとっては重要な問題である。とくに虫害や菌害があると鳥に忌避される場合は深刻である。この場合には、樹木にとって果実食の鳥だけを誘引して虫や菌類を誘引しないような戦術が適応的である。しかし、そのような進化は起こりづらい。なぜならば、鳥を誘引するために栄養価を高めると虫や菌を忌避するための化学的防御が弱まり、逆に虫を誘引しないような形質を発達させると鳥をも誘引しなくなるために、他の植物との競争に不利益が生じるといった進化的ジレンマがあるからである。このジレンマを解決する唯一の方法は、果実や種子の豊凶によって虫や菌の数を増やさないことである。そのため、前述した食べ残し型散布のナッツ型果実ばかりでなくフルーツ型果実や風散布型の種子でも豊凶があることが知られている。さらにもっと効果的な方法は、同じ森林内で果実を作る近縁な樹種どうしが豊凶を同調させることである。実際に、果実や種子の豊凶によって、あるいは樹種間の豊凶の同調によって虫害が減ることが明らかにされてきている[18]。

2・2 花を咲かせて森を保つ

鳥媒花の進化

「チョウチョ」や「ブンブンブン」などの唱歌に歌われるように、チョウやハチは花には切っても切れない関係にある。同じような唄があるかどうかは知らないが、熱帯林では鳥やコウモリも重要な花粉媒介者である。動物に花蜜を提供して花粉を同じ種類の別個体の花に運んでもらうのである。そうすることで、花は近親交配による遺伝的劣化を避けることができ、健全な集団を維持することができる。

このような花と花粉媒介者との関係と果実と種子散布者との関係には多くの類似点がある。たとえば、花が花粉媒介者に提供する花蜜と花粉は、フルーツ型果実が種子散布者に提供する果肉と種子、すなわち運搬者に提供する報酬と荷物に対応する。種子散布者はもともと種子食者であったように、花粉媒介者もまたもともとは花粉を食べに来た虫であり、その虫や果実を食べに来た鳥であっただろう。また、裸子植物から被子植物への進化によって、種子の風散布から動物散布への発達がもたらされたように、花粉もまた風媒から動物媒への発達がもたらされた。違うのは、動物による種子散布が最終目的の発芽までにたどり着くにはさらに多くの幸運が必要であるのに対して、動物による花粉媒介は受粉という目的をかなりの確率で達成できるということである。

この受粉の効率化は、花と花粉媒介者との間の共進化の産物である。まず、植物はどの種類の動物を利用するかで、花の形態、信号、報酬を変えている。[19] 鳥媒花は虫媒花よりも遅れて進化してきたが、鳥は気候に左右されずに、かつ大量に遠くへ花粉を運ぶことができるので、植物にとっては強力なパートナーとなる。鳥媒花の多くは、あざやかな赤色で香りのない花で誘引し、薄くて大量の蜜を報酬として提供するが、これは鳥が嗅覚が弱い反面、視力と色覚が発達しており、また体が大きくて蜜の消費量が多い反面、濃度の高い蜜は生理的に消化できないからである。また花筒は鳥の嘴に合わせて深くて太い筒状のものが多く、花びらは頑丈で癒合しているものが多い。停空飛翔ができるハチドリが利用する花では、吸蜜しやすいように中空に突き出したり垂れ下がっているものが多いのに対して、それ以外の花蜜食の鳥が利用する花では止まり場を持っているものが多い。このような花を実験的に網などでおおって鳥が利用できないようにしてやると、受粉が生じなくなることが確かめられている。

また、植物同士が、種間で開花時期をずらして競争を避けることも受粉の効率化には欠かせない。花粉が別な種類の花に運ばれても意味がないからである。これは種子散布の効率化のために、樹種どうしが結実期を同調させていた

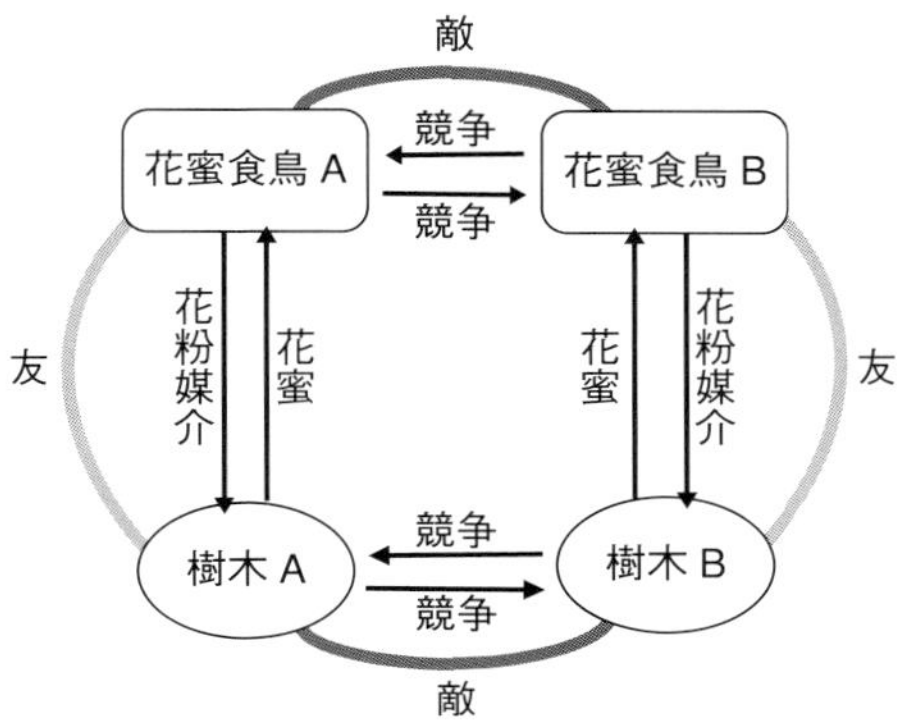

図 2-6　鳥に花粉媒介をしてもらう樹木どうしの関係「友達の敵の友達は敵」

表2-1　世界の花蜜食専門の鳥（上田1995を改変）

目	科	花蜜食鳥類	種数	分布域
オウム目	インコ科	サトウチョウ類	10	オーストラリア
	インコ科	セイガイインコ類	10	オーストラリア
アマツバメ目	ハチドリ科	ハチドリ類	340	中南米
スズメ目	ハナドリ科	ハナドリ類	59	南アジア〜オーストラリア
	タイヨウチョウ科	タイヨウチョウ類	117	アフリカ〜東南アジア
	ミツスイ科	ミツスイ類	173	オーストラリア
	ホオジロ科	ミツドリ類	28	中南米
	ハワイミツスイ類	ハワイミツスイ類	23	ハワイ
3目	8科		760種	

のとは逆である。この場合は種子散布者の共有が前提となっているので「友達の友達は友達」という関係であった。ところが、花粉媒介を効率的に行うためには花粉媒介者を共有しないほうが望ましく、また花粉媒介者どうしは花をめぐって競争的関係にあるので、この場合は「友達の敵の友達は敵」という複雑な四者間関係となるのである（図2-6）。

花蜜食の鳥たち

花蜜を主食とする鳥は、世界で約七六〇種（全鳥類の約八パーセント）が知られており、いずれも年間を通して花が咲いている熱帯に生息している。興味深いのは、あらゆる熱帯域に分布するにもかかわらず、その分類群はアマツバメ目、オウム目、スズメ目と地域ごとにさまざまであることだ（表2-1）。また、同じスズメ目でも、ミツドリ類はホオジロ科に分類され、ハワイミツスイ類はアトリ科起源だとされている。いずれも本来はオウム目の鳥と同様に種子食性の鳥であることから、果実を食べに来た祖先種からの進化がうかがえる（花食を経由したと考えられている）。ハチドリ類は飛翔力のあるアマツバメと近縁であることから、祖先種は蜜を吸いに来ているチョウやハチを飛びながらとっていたのかもしれない。花蜜食の鳥の共通の特徴は、嘴が全体に細長く、

図 2-7　切手になった花蜜食の鳥。上段左から：ハチドリ類 2 種、タイヨウチョウ類 2 種、下段左から：サトウチョウ類、セイガイインコ類、日本のメジロとメグロ。

舌の先端はブラシ状で、側方が内側に巻き込まれた伸縮自在のストロー状になっていることである。オウム目の種類だけは嘴の形が他の種類とは違っているが、舌の構造は同じで、これで花の蜜を巧みに吸うことができる。

「サザンカ、サザンカ咲いた道、焚き火だ焚き火だ、落ち葉炊き」と歌われるように、サザンカは他の樹木が葉を落としてしまった秋から冬にかけて咲く。この時期に活動するチョウやハチが少ないことからもわかるように、わが国で数少ない鳥媒花で、ほかにはヤブツバキ、オヒルギ、オオバヤドリギなどが知られている。その花粉媒介の担い手となるのが、メジロ、メグロ（*Apalopteron familiare*）、ヒヨドリの熱帯起源の鳥たちだ（図2-7）[20]。とくにメジロの舌先は筆状になっており花蜜食への適応が見られる。しかしながら、いずれの鳥も主食はあくまで果実と昆虫であり、花蜜は副食にすぎない。ヤブツバキの花は、全体がポトリと落ちるさまが斬首になぞらえられることもあるが、これは花びらの基部が癒合しているためであり、鳥にとまりやすくかつ大量の蜜を蓄えておくための適応である。また、花の根元は大きな額でしっかりとガードされ、内部もおしべが固い筒状になっており、鳥が花の正面からしか蜜を吸えないような構造になっている。このようなツバキの枝の上でメジロやヒヨドリが顔を花粉で真っ黄色にお化粧している様子を見れば、両者が花粉媒介で結びついた深いつながりがうかがえよう。これらの鳥にとって花蜜はデザートのようなものであっても、サザンカやツバキにとっては大切な相棒なのである。その証拠に、ツバキのような構造を持たない虫媒の桜の花は、メジロやヒヨドリばかりでなくスズメまでにも蜜を目当てに花ごと食べられてしまう。当然のことながら、花蜜食の鳥のいないヨーロッパには鳥媒花はない。

刃と鞘《さや》のような嘴と花

学生時代にイワナの仲間の調査でアラスカを訪れていたときに、地元の研究者が窓際の鉢植えを指して春から夏にかけてハチドリがこの花の蜜を吸いに来るのだという。そのときには、ハチドリは中南米にしかいないと思っていたので米国人特有のジョークだと思ったが、あとで、それが温帯で唯一繁殖するアカフトオハチドリ（*Selasphorus rufus*）のことであることを知った。春には越冬先のメキシコから開花前線に合わせて太平洋岸を北上し、繁殖を終えると花消失前線に合わせて南下する。移動ルート上の地域に住む愛鳥家の庭先には、花代わりに砂糖水の入った容器がつり下げてあり、ハチドリの渡りの休息所を提供しているらしい。アラスカでの調査は秋だったため、残念ながら旅立ったあとだったというわけだ。

ハチドリの実物をはじめて見ることができたのは、奈良県橿原《かしはら》市にある昆虫館である。大きな温室の中で多くの蝶と一緒に数個体が放し飼いされていて、容器の下部についた細い穴に細い嘴を差し込んで砂糖水らしきものを吸っていた。目に見えない速さで光沢のある翼を羽ばたかせながら、ヘリコプターのような動きで後退・移動・前進を繰り返す様子は感動を覚えずにはいられない。多くの花蜜食の鳥の中でも、飛びながら蜜を吸うことができるのはハチドリだけである（図2-7）。ハチドリがいることを前もって知らなければ、スカシバというガの仲間だと思って見逃してしまうかもしれない。

ハチドリと花の関係には、大きく分けて二つのタイプがある。[21] ある場所で短期間に一斉に咲くいろいろな種類の花を利用するタイプと広い範囲に散在し時期をずらしながら長期にわたって咲く特定の種類の花を利用するタイプである。前者タイプのハチドリは集団性で、一定の大きさの縄張りを作って同種異種個体問わずに追い払い（種間縄張り：4章）、花が枯れてしまえば別の場所へと集団で移動する。花冠が短くて蜜量も少ないのに合わせて、ハチドリも小型で嘴も短く、多くの花蜜食の鳥と同じように、花とは多対多の関係である。花にとって遠距離の送粉は見込めないばかりか自家受粉の可能性もあり、また他の種類の花に花粉が運ばれる可能性もあって効率は良くない。ハチドリにとっては、チョウやハチとの競合もある。全長六センチメートルたらずで体重二グラム弱しかない世界最小の鳥であるマメハチドリ（*Calypte helenae*）などは、昆虫に負けてしまうということもあるのではないだろうか。

逆にもう一つのタイプのハチドリは単独性で、縄張りを持たずに広い範囲を周期的に巡回して相棒の花を訪れる。花は長くて曲がった花冠を持ち、ハチドリのほうもその鞘にすっぽり収まるような長さと形の刀の刃のような嘴を持っている。花はハチドリとこの切っても切れない関係を進化させたことで、大量の蜜を提供する代わりに花粉を確実に遠くの同じ種類の花に運んでもらうことを可能にした。なかでもヤリハシハチドリ（*Ensifera ensifera*）とトケイソウ属の花の一種との間の関係は驚嘆に値する。このハチドリの嘴は全長の半分以上の一〇・五センチメートルにも達し、飛び回るのに邪魔になるのではと心配したくなるほどであるが、花のほうも相棒の槍の長さに対応した一一・四センチメートルの花冠を持つ。

また、カマハシハチドリ（*Eutoxeres aquila*）の嘴は、鎌のように下方に九〇度近くも曲がっている。ところがこの嘴もまた、同じ形をしたヘリコニア属の一種の花の鞘にぴったりと収まるのである。鎌形の嘴では、さすがにハチドリの得意芸である停空飛翔しながらの吸蜜は難しいらしく、ハチドリ以外の花蜜食の鳥がするように花の脇にとまって蜜を吸う。そして、花のほうもまた、相棒がとまりやすいように花弁を変形させた止まり場を備えている。逆に、ソリハシハチドリ（*Opisthoprora euryptera*）のように嘴が上方向に曲がった種類もいて、花との共進化は送粉の究極の効率化のために、さまざまな長さと形を持つ一組の刃と鞘の関係を生み出している。このような一対一で生じる共進化を走り出したらとまらないという意味で「暴走（ランナウェイ）共進化」とよび、多対多で生じる「拡散共進化」と区別される。地球上に一組しかない刃と鞘のどちらか一方を紛失してしまったら、もう片方は使い道がなくなってしまうように、究極の共進化を遂げたハチドリと花のどちらかが絶滅したら、もう一方は絶滅するしか道がない。

2・3　巣作りが森を変える

巣作りの功罪

アカゲラ（*Dendrocopos major*）などのキツツキ類は、その頑丈な嘴をドリルのように使って木の幹に穴をうがち繁殖のための巣穴とする（図2-8）。生きた木よりも枯れた木を、細い木よりも太い木を好んで巣を作る。この巣穴は、キツツキが利用した年の翌年からは、樹洞営巣性のシジュウカラ類やムクドリ類をはじめとする多くの鳥の繁殖やねぐらのために利用されることになる（図2-9）。さらには鳥だけではなく、リス、モモンガ、コウモリなどの哺乳類やモンスズメバチなどの昆虫の巣穴としても使われる。[22] これらの動物の多様性や個体数の増加はまた、植食昆虫の捕食や種子散布を通して森林の健全性維持に寄与するだろう。

図 2-8
枯れ木に巣穴をあけるアカゲラ
（写真提供：斉藤充氏）

鳥の営巣活動が森林に有害な影響をおよぼす場合もある。地域指定の天然記念物に指定されているオオミズナギドリ（*Calonectris leucomelas*）は、海岸沿いの地中に巣穴を掘って集団で繁殖する。営巣環境は繁殖地によって異なるが、京都府冠島のように森林の中に巣穴が作られる場合には、土を掘り返したり踏みつけたりする撹乱によって樹種の多様性の減少や植生構造の変化がもたらされる。[23]

鳥の巣が木の病気を媒介することで森林の衰退をもたらすと

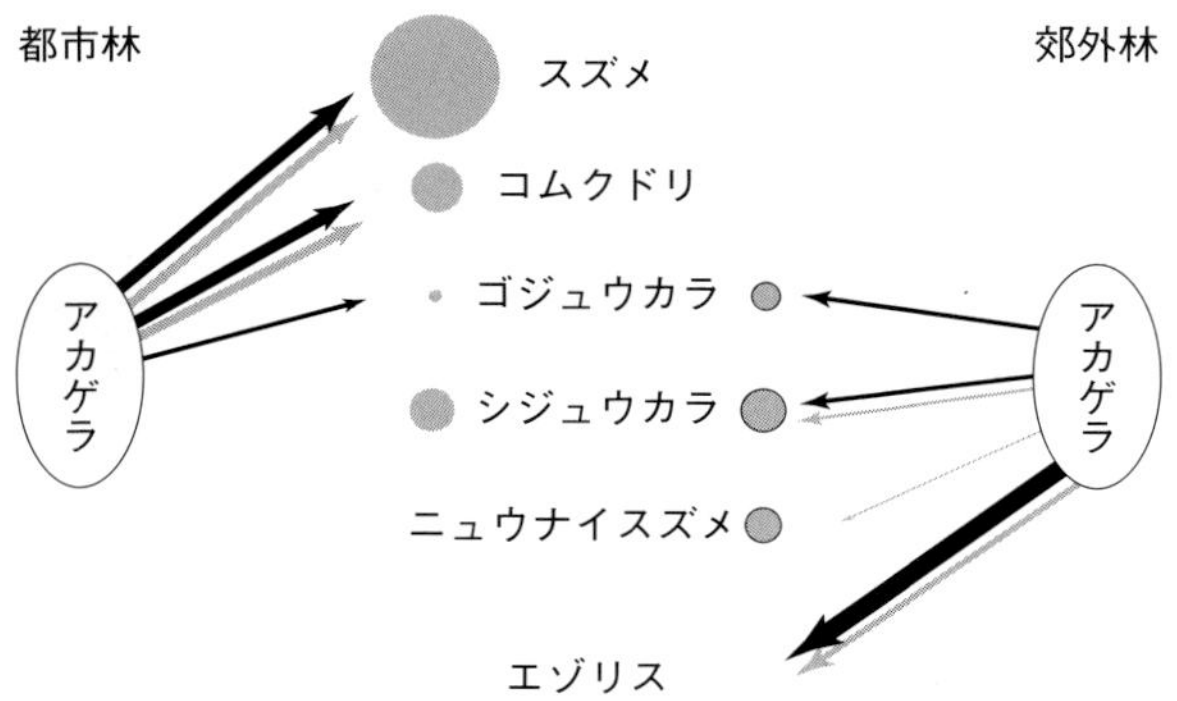

図 2-9　札幌市内の都市林と郊外林におけるアカゲラの古巣の動物による二次的利用。黒い矢印は１年目の古巣、灰色の矢印は２年目から４年目の古巣の利用を示し、線の太さはその相対的な大きさを表す。灰色の丸の大きさはそれぞれの林の鳥の密度の相対的な大きさを表す。都市林ではスズメとコムクドリが、郊外林ではエゾリスが主要な二次的利用者であること、シジュウカラは都市林では他の鳥との巣穴をめぐる競争で古巣を利用できないことがわかる（Kotaka & Matsuoka 2002 より）。

いうユニークな例も知られている。西日本の常緑広葉樹林では、ツブラジイやアラカシをはじめとする多くの樹種で、腐った枝が紐のように垂れ下がり、その枝からは銀白色をした菌糸が老婆の白髪のようにぶら下がる絹皮病という病気が知られている。この腐った枝や垂れ下がった菌糸が健全な木に接触することで感染するのである。ところが、罹病木がないにもかかわらず、皆伐後二〇～三〇年経って再生してきた林に限って発生しはじめるので、長い間謎の病気とされていたが、最近になって、犯人はヒヨドリであることが判明した。病気にかかって紐のようになった枝が、この鳥にとっては巣の材料としてうってつけだったのか、頻繁に使われていたらしい。林齢二〇～三〇年というのは、明るい林が好きなヒヨドリにとって好都合の営巣環境だったのである。[24]

図 2-10　育雛中のカワウ（写真提供：中川雄三氏）

糞の功罪

魚食性の鳥の排出する糞は、森林などの陸域から川や湖や海などの水域へと流れ出た栄養分を再び陸域へと戻す重要な役割をはたしている。とくに常温で気化することのないリンにとっては、窒素や炭素のように大気循環によって陸域に戻ることはできないので重要である。魚食性の鳥によって森林に運ばれた大量の栄養分は、土壌中で無機物に分解されて植物に吸収されることになる。サギ類のコロニーのあるマングローブ林では、コロニーのない林に比べて、土壌中の栄養分が豊富で樹木の葉数や当年生枝の成長量の増加が見られ、また葉や果実に含まれる窒素量も多いために植食昆虫の種類数や個体数が増加することが報告されている。[25]

このように森林に集団繁殖コロニーを作るカワウ（*Phalacrocorax carbo*、図2－10）やサギ類のような魚食性の鳥の糞には窒素やリンが豊富に含まれるため、化学肥料がなかった時代にはわが国においても良質な肥料として重宝され、その価値は高かった。愛知県知多半島の「鵜の山」では、営巣木の下に砂をしいて糞をしみ込ませ、それを採集して売って得た収益は小学校建設など公共事業に活用されたらしい。

ところが、日本ではカワウによる繁殖コロニーでの森林衰退が社会問題となっている。なぜならば、カワウが巣材に大量の枝を使うことによる樹冠層の物理的な改変に加えて、大量の糞が葉の光合成、呼吸、蒸散を阻害したり土壌の化学的性質を変えたりすることで樹木を枯らしてしまうからである。[26] このような森林環境の変化は、そこに生息する植食昆虫、土壌動物、森林性の鳥類などの組成を単純なものに変えてしまっている。これは、コロニー内のカワウの密度が限度を超えてしまっていることがもっとも大きな原因だと考えられる。カワウが餌をとるために適した湖や河川が減少し、かつ営巣に適した湖畔林や河畔林が減少したために、ある特定の地域に集中してしまったのである。しかも、そのような地域が人目につきやすい場所であるために、コロニー内における樹木の枯死が、ただちに森林被害の問題として過剰に取り上げられることも事態を実態以上に深刻にさせているのである。カワウは本来、コロニーが営巣場所としてふさわしくなくなればコロニーを移動させるため、そのあとには樹木の生長にともないもとの植生が復元をはじめる。すなわち、長期的に見れば、カワウのコロニーによる撹乱が作り出す森林生態系の遷移の一過程にすぎないと考えられるのである。

3章
鳥が森を育てる

3・1 虫を食べて木を育てる

鳥はどのくらい虫を食べるか

春になり暖かくなると、森林には木々が芽吹きやがて若々しい緑の葉におおわれるようになる。そうするとガやハバチの幼虫いわゆるイモムシが一斉に現れて、その新鮮な葉を食べはじめる（図3－1）。南から渡ってきた夏鳥たちも、冬も留まり寒さを堪え忍んでいた留鳥たちも、それに合わせるかのように縄張りを構えて繁殖を開始する。そしてヒナが巣立ちするまで、この栄養たっぷりの虫を探して捕まえては巣へせっせと運び育てる。こうして冬の間に静まりかえっていた森は息を吹き返し、一年のうちでもっともにぎやかで生命の躍動する季節となる。シジュウカラ類やムシクイ類などの昆虫食のエキスパートに混じって、ふだんは果実や種子を食べているヒヨドリやアトリ類までもが葉や枝から不器用にイモムシを捕まえているのを見るのもこの季節である。逆にいえば、森における鳥の育雛期は、できるだけたくさんのヒナを巣立たせることができるように虫の数がもっとも多くなる時期に定められ、それは樹木の都合で決められていることになる。温帯の森に生息する多くの鳥の繁殖が五月から六月にかけての約一カ月の間に集中して行われるのは、このような理由によるのである。一年を通して虫、花蜜、果実のいずれの食糧にも事欠かない熱帯であっても、鳥の多くは樹木が新葉をつけ虫の多くなる雨期の一時期に合わせて繁殖を行うのが普通である。

ところで、鳥は森林全体でどれくらいのイモムシを食べているのだろうか。繁殖期にシジュウカラ

図 3-1　樹木の葉を食べるイモムシ。左上：ブナの葉上のハバチ幼虫。右上：ブナの小枝に擬態するシャクガ幼虫。左下：オオイタヤメイゲツの葉上の毛虫。右下：ブナの実生上のハバチ幼虫。

の仲間を双眼鏡で観察していると、三〇秒に一回の割合で樹冠からイモムシを捕まえている。その一部は自分で食べ、残りはヒナの待つ巣穴へと運ぶ。その頻度もまたひっきりなしであり、ある調査結果によれば、一羽のシジュウカラが巣に運び込む虫の数は一日平均で約四〇〇個体と見積もられている。一ヘクタール当たりの鳥の個体数を一〇羽とすると、ひと月の間に一二万匹もの虫が食べられる計算である。これは森林全体でどれくらいの割合に相当するのだろうか。

それを調べるのにもっとも効果的な方法は、網でおおって鳥による採食ができなくした樹木（除去区）と網でおおっていない樹木（対照区）との間で虫の量を比較することである（図3－2）。すなわち、鳥の除去区から対照区を引いた虫量の差が鳥によって食べられた量とみなすことができる。これまでにいろいろな場所

▲図 3-3
奈良県大台ヶ原の森林内で鳥の捕食効果を取り除くために、高さ約 4 m のブナの低木に網がけした実験区。

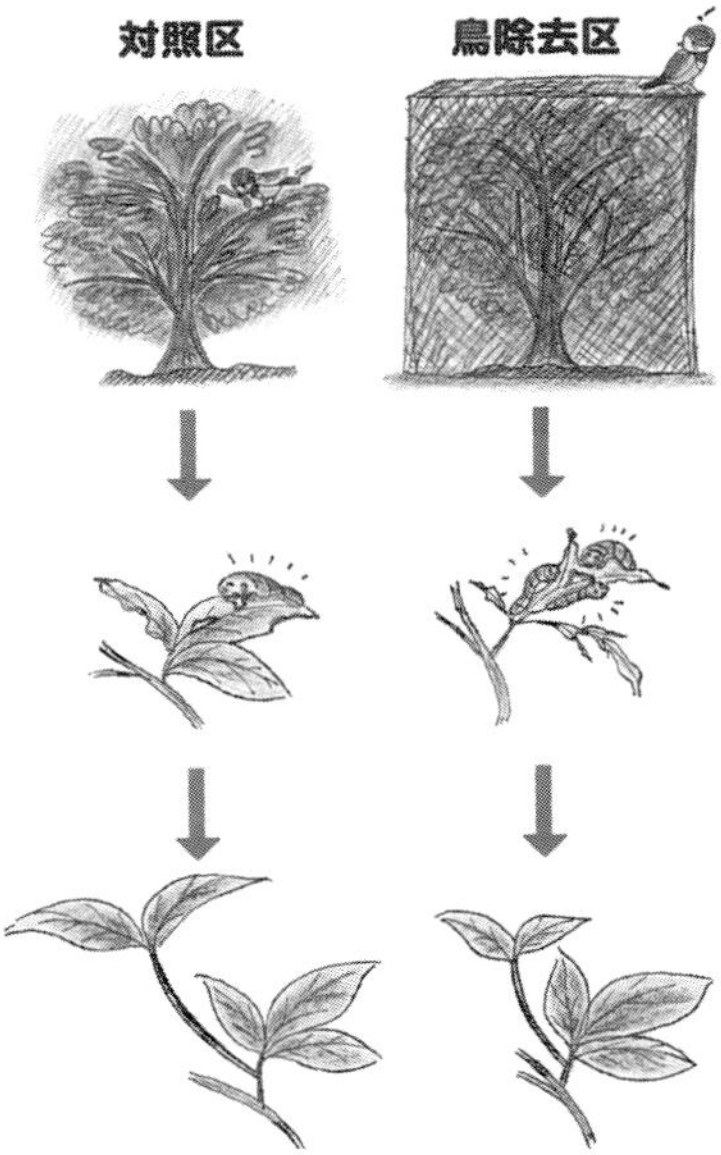

◀図 3-2
鳥によるイモムシの捕食効果を調べるための実験。鳥除去区では対照区よりも、イモムシの数が多くなって食べられる葉の量が多くなり、その結果、翌年の枝葉の生長が悪くなることが予想される（イラスト：瀬川也寸子氏）。

で行われてきた調査結果についての総説によると、その値は平均で三〇〜四〇パーセント程度であったが、その幅は一〇パーセント以下から一〇〇パーセント近くまでと大きな差があり、虫の個体数密度が高いところほど鳥による採食の効果が小さくなっていた。[2] このような結果が生じるのは、虫の個体数が多いところで必ずしも鳥が多くなるわけではないためである。鳥が森の中で生きていくには、餌資源ばかりでなく巣やねぐらを作る場所も必要であり、どんな森でも鳥の個体数にはある程度の上限があるのである。

　虫の個体数と鳥の捕食の効果の関係を、場所間の比較ではなく年度間の比較で明らかにするために、著者は五年間にわたる鳥除去実験を行った。場所は西日本有数の原生林が残る奈良県の大台ヶ原である。ブナとオオイタヤメイゲツの高さ約四メートルの木を五本ずつ選んで、木の周りに支柱を立てて特注の立方体の袋型の網をかぶせた。編み目のサイズは、鳥のみを排除し昆虫やクモは自由に出入りできるように四センチメートルメッシュにした（図3－3）。

運良く調査をはじめて二年目と三年目にブナでハバチの大発生が見られ、イモムシ全体の現存量は最小の年と最大の年で五〇倍もの違いがあった。大発生の年には、耳を澄ませば虫が葉を食べるバリバリという音が聞こえるほどであった（図3－4）。それにもかかわらず、鳥の密度はほぼ一定に保たれたため、鳥のイモムシに対する捕食量は、虫の個体数が最大の年の五パーセントから最小の年の七〇パーセントまで変動し、予想した通りの結果が得られた。除去区と対照区間のイモムシ現存量の統計的な違いは、大発生時には有意ではなく、それ以外の年には有意であった（図3－5）。興味深いのは、同じ結果がブナとオオイタヤメイゲツの両方で得られたことである。つまり、ブナでのハバチの大発生が鳥の捕食効果におよぼす影響が別の樹種にもおよんでいたのだ。自分の食事もヒナへの餌もブナで充分に手に入るために、他の樹種を訪れる頻度が減少したのだろう。

鳥による捕食が植食昆虫の個体群を制御できるかどうかについては、古くから議論されてきた。実験でも明らかになったように、鳥以外のイモムシの天敵である寄生バチや病原体ウィルスのように密度依存的に作用せず、大発生したときの制御効果が鳥では見られないことから、否定的な考え方も多い。しかしながら、虫の大発生が起きるのは一〇年に一度くらいであり、普通の年であれば、四〇パーセント程度の捕食効果はあるのである。鳥による捕食は、植食昆虫の大発生時に制御することはできないにしても、その間隔を引き延ばす効果は充分にあるに違いない。

図 3-4　イモムシにほとんどの葉を食べられたブナ

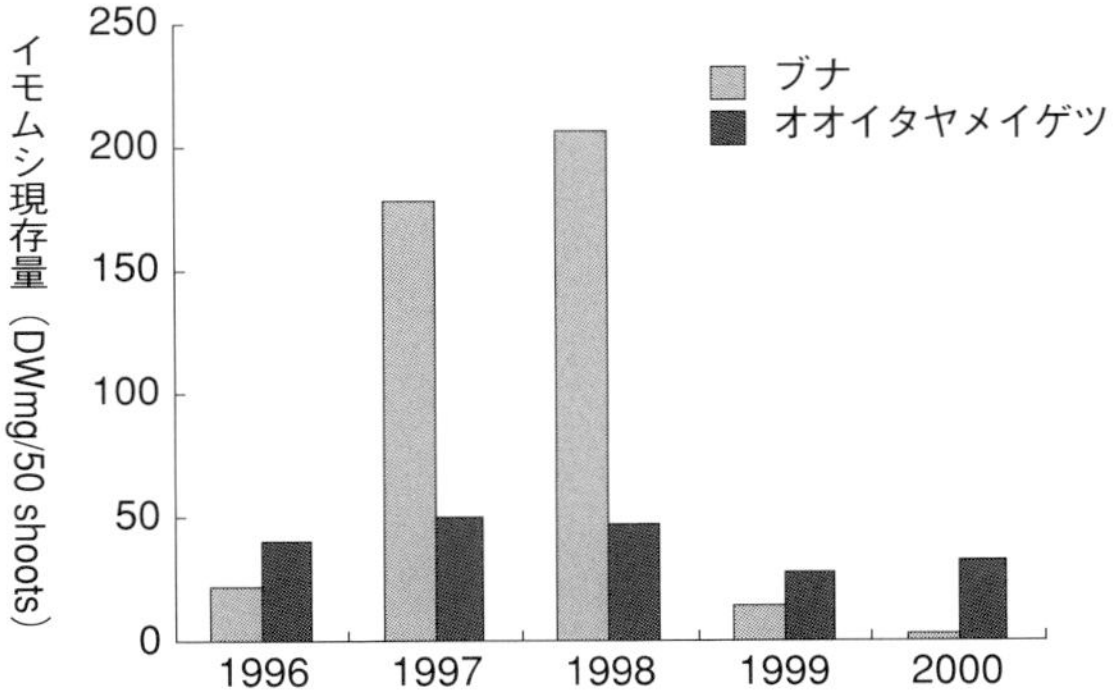

ブナ					
イモムシ量	○	×	×	×	○
葉の被食量	○	×	×	×	○
枝葉の成長量	−	×	×	○	○
オオイタヤメイゲツ					
イモムシ量	○	×	×	○	○
葉の被食量	○	○	×	○	○
枝葉の成長量	−	×	×	○	○
広葉樹実生					
葉の被食量	−	−	×	×	○
実生の生存率	−	−	×	×	×

図 3-5　大台ヶ原におけるブナとオオイタヤメイゲツにおけるイモムシ現存量の年変化と鳥捕食効果の実験的除去の結果。両樹種上のイモムシ量、葉の被食量、翌年の枝葉の生長量、および広葉樹全体の実生の葉の被食量と生存率に優位な効果があった場合に○、なかった場合に×が示してある。−は未調査。

葉は樹木の活動の原動力である。大気からの二酸化炭素と地中からの水を結合させて光合成を行い、太陽のエネルギーを使って炭水化物と酸素を生産し栄養とエネルギーの源を作り出す。植食昆虫に葉を食べられることで樹木がこうむる影響は小さくないはずだ。多くの研究では、葉を人為的につみ取る方法によって樹木のパフォーマンスへの影響を調べてきた。これまでの調査では、失われる葉の量に応じて、樹木の生存率、次年度の枝葉の成長や種子・花粉の生産量が低下することがわかっている。葉を失った影響が一年遅れて現れるのは、光合成によって生産された栄養分は根に蓄えられて、次年度の活動に使われるからである。

敵の敵は友達

同じ森の中で種子散布者を共有する果実を作る樹種同士は「友達の友達は友達」の関係にあることは、前章で述べた。この平和的関係をイメージさせる言葉に対して、「敵の敵は友達」という戦争を繰り広げる多国間での同盟関係をイメージさせる言葉がある。生物間相互作用のネットワークで形作られている自然界では、普通に見られる関係である。樹木にとって葉を食べる虫は敵であり、虫にとって捕食者である鳥は敵である。したがって、樹木にとって鳥は友達ということになる（図3－6）。

それでは、鳥は虫を食べることで樹木にどんな利益をもたらしているだろうか。鳥によるイモムシ捕食の効果についての五年間の上述の調査において、樹木の新生枝葉の長さを同時に調べてみた（図3－2）。全体的な関係としては、イモムシが多い木ほど葉の被食量が大きく、翌年の枝葉の長さが短くなっていた。鳥による虫の捕食が樹木の枝葉におよぼす間接的な効果は、鳥による虫の捕食への直接的な効果を見事に反映していた（図3－5）。すなわち、イモムシが大発生した年以外には、虫

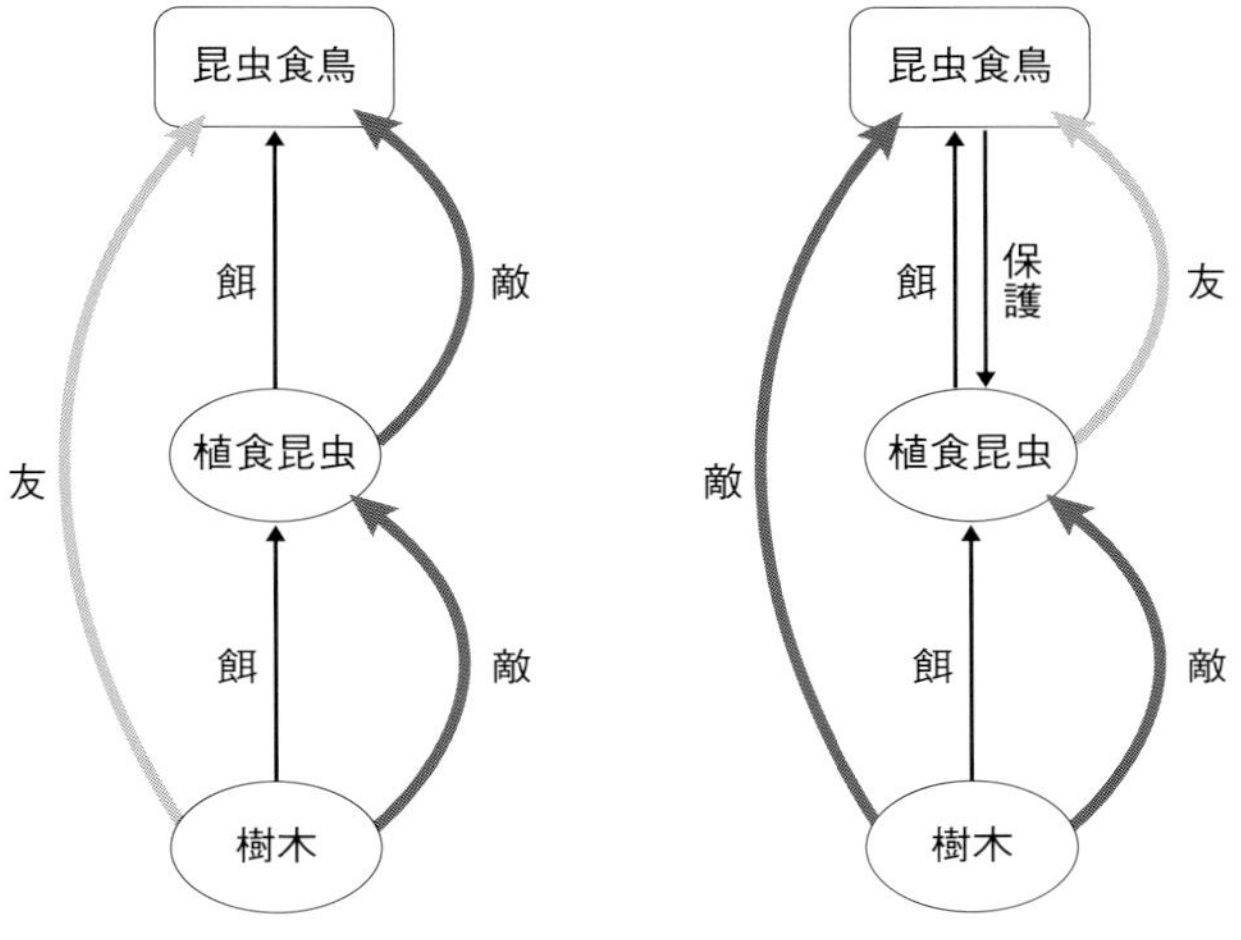

図 3-6　昆虫食鳥と植食昆虫と樹木の 3 者間関係。左：鳥が虫の捕食者である場合には、樹木にとって鳥は「敵の敵は友達」の関係。右：鳥が虫と協調関係にある場合には、樹木にとって鳥は「敵の友達は敵」の関係。

個体数が有意に多くなった鳥除去区で翌年の新生枝葉が有意に短くなっていた。一方、ブナでハバチが大発生した年には、虫の個体数と同様に、鳥除去区と対照区との間で翌年の枝葉の長さに差はなく、その影響はブナばかりでなくオオイタヤメイゲツでも起こっていた。つまり、鳥は虫を食べることで木を育てているのだ。このように食う食われるの関係がつながって影響をおよぼしあっていくことを、川の水が階段状に連続した滝を流れ落ちる様子になぞらえて「カスケード効果」とよんでいる。

林冠を形成するほどに成長した樹木では、虫の大発生が続かない限り、枯死してしまうことはめったにない。しかし、種子から生えてきたばかりの実生にとっては、植食昆虫による葉の被食は生死にかかわる問題である。実生の調査をしていると、実際にイモムシを見る機会はそれほど多くないが、葉の食いあとから判断してかなりの割合でイモムシに食べられているのがわかる（図3－1）。当然のことながら、イモムシに食べられる葉の量が多いほど実生の死亡率も高くなる。樹冠の下ほど被食量が大きいことは前章で紹介したが、鳥による植食昆虫の捕食のカスケード効果が、実生に対してどの程度あるかについてはわかっていない。

そこで、大台ヶ原での樹冠部の調査と平行させて、実生についても調べた結果、鳥を除去した区画で虫による葉の被食量が有意に高かったのは、ブナのハバチ幼虫が極端に少ない年だけであった（図3－5）。すなわち、樹冠部では、ハバチ幼虫の大発生の年以外で鳥の捕食効果が見られたが、実生について効果が見られる年はさらに限定されていたことになる。樹冠部に餌が普通にあれば、鳥はわざわざ地表にまで降りてきて虫を食べないのであろう。つまり、実生の被食量に鳥の捕食効果が現れるのは、実生の生存率に影響をおよぼすほどイモムシが多くないときなのである。したがって、鳥による捕食が実生の生存にまで効果を発揮することはないと結論できそうである。

鳥と虫と樹木が「敵の敵は友達」の関係ではなく「敵の友達は敵」ともよべる珍しい関係が、オーストラリアのユーカリ林で知られている。共同繁殖をするスズミツスイ（*Manorina melanophrys*）はキジラミを主食とし、集団で他の鳥に対して林全体を防衛する。この鳥は大きくなった若虫のみを選んで食べ、成長前の小さな若虫は残すという牧場主のようなやり方で、虫害で木が枯れてしまうまでの間（最大で四〇年）共存する。スズミツスイを実験的に除去すると、多くの鳥が侵入してきて、あっという間にキジラミを食べてしまい木は健康を回復する。[3] すなわち、キジラミとの友好関係によって、スズミツスイはユーカリの木にとっては敵対関係にあるのである。

第四者を含んだ関係

イモムシを捕食しているのは、鳥だけではない。たとえば、アリやクモなどもイモムシの重要な捕食者であり、鳥とは互いに競争関係にある。木の幹の下部に忌避剤を塗布してアリを実験的に除去すると、イモムシの密度が高くなり、鳥の利用頻度や滞在時間が増加することが知られている。[4] これはアリが共通の餌資源を食べることによって鳥と資源利用型の競争にある証拠である。アリには、かみつきによって鳥を攻撃排除する干渉型の競争も知られている。[5] 一方、鳥の中にはアリを好んで食べる鳥もいる。キツツキ類をはじめとして、キバシリ（*Certhia familiaris*）、ゴジュウカラのように木の幹で主に餌をとる鳥にはアリを食べる種類が多い。わが国ではアリスイ（*Jynx torquilla*）という鳥がその代表で、木の裂け目にいるアリをよく伸びる長い舌を使って名前通り吸い取るようにして片端から食べてしまう。学生時代に北海道の冬の森で、クマゲラ（*Dryocopus martius*）が強烈な嘴を使って幹を掘り崩しはじめるところからアリの巣を掘り当てて食べつくすまで、一日の大半を一本の枯木上ですごしていたのを観察したことがある。さらには、蟻浴すなわちアリを体に這わせてダニやシラミなどの寄生虫を退治してもらったり、アリのコロニーの近くに巣を作ることで捕食者から身を守ってもらったりする鳥もいる。このようにひと口に鳥とアリの関係といっても単純ではない。

森林における鳥 - イモムシ - 樹木の関係にイモムシを捕食するアリを加えた四者間関係にとり組んだ大がかりな実験が、北海道大学苫小牧地方演習林で行われている。[6] 森林内の高さ九メートル広さ一〇〇メートル四方の区域を丸ごとネットで囲み、一羽の鳥を入れてその影響をアリとイモムシの個体数および葉の被食量について調べようというものだ。著者の四メートルそこそこの樹木を一本ずつネットでおおう実験とはスケールが違う。試験設定は三種類で、葉上のイモムシを主要な餌とするシジュウカラ(*Parus major*)を入れたもの、幹上のアリを食べる頻度の高いゴジュウカラを一羽入れたもの、そして、鳥のいないものである。実験開始後七週間目には、予想通りに、イモムシの密度と葉の食害率はシジュウカラ区で、アリの個体数はゴジュウカラ区で、それぞれもっとも小さくなっていた。予想では、アリが減少した分イモムシの密度と葉の食害はゴジュウカラ区でもっとも大きくなるはずだったが、実際には鳥除去区と差がないという結果になった。これは、ゴジュウカラがかなりの量のイモムシを食べていたために、アリ捕食による増加分と直接採食による減少分が相殺されてしまったからである。アリを主要な餌とするアリスイを実験に使ったならば、期待した通りの実験結果が得られたかもしれない。捕食によってイモムシの葉の食害を減らしてくれる度合いを、樹木にとっての鳥の「友達度」とすると、この四者関係の場合の「友達度」はアリを食べる度合いに応じて、シジュウカラでもっとも高く、アリスイでもっとも低くなるだろう(図3-7)。

イモムシは鳥やアリの捕食を逃れたとしても、寄生性のハチに卵を産みつけられていたとしたらおしまいである。卵や幼虫の段階で寄生された場合には、イモムシは外見上は正常のように発育しているように見えても、最終的には寄生者の幼虫に食いつくされてしまうからである。このような寄生バチは、鳥-植食昆虫-樹木の三者関係にどのような影響をもたらすだろうか。実証研究は知らないが、おそらく鳥が寄生された虫を餌として好むかどうかで違ってくるだろう(図3-8)。鳥とハチの関係は、寄生されていない虫を好む場合には競争関係に、好まない場合には食う-食われる関係にあることになる。アリを含む四者関係の場合に対応させると、前者はシジュウカラ、後者はアリスイ

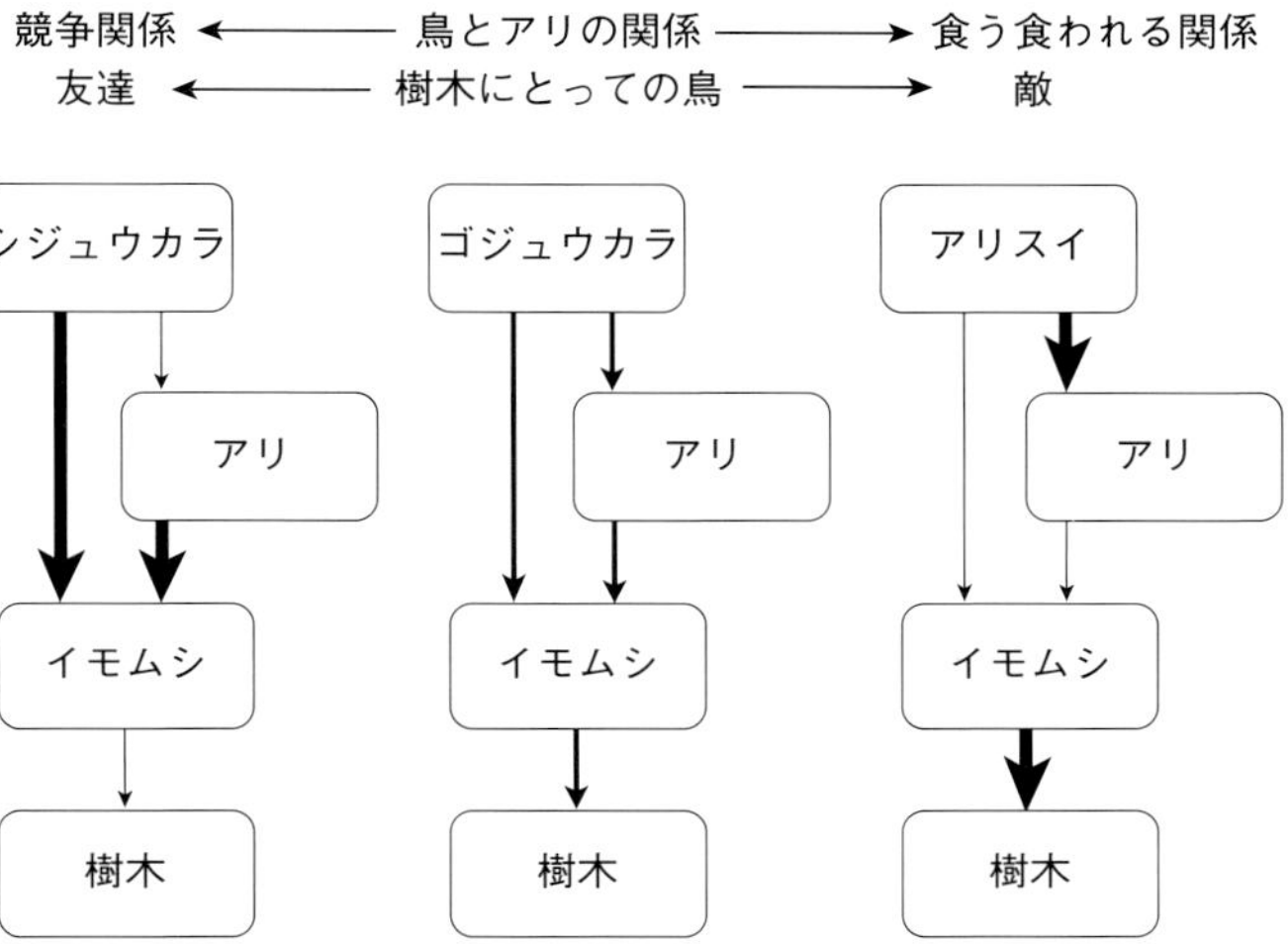

図 3-7　昆虫食鳥と植食昆虫と樹木の 3 者間関係にアリを含んだ関係。鳥がアリを食べる量によって、樹木にとって鳥が友達か敵かが変化する。

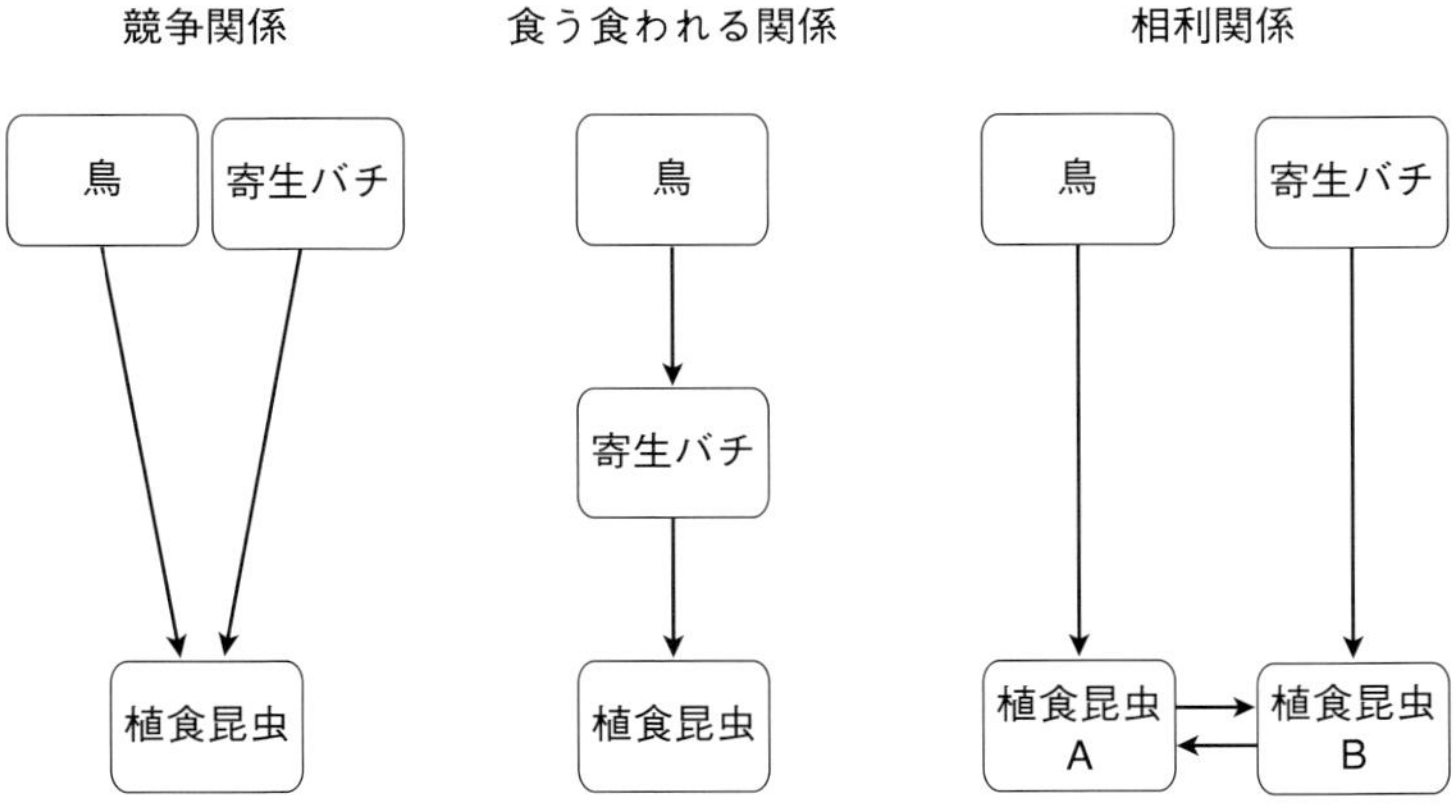

図 3-8　植食昆虫をめぐる昆虫食鳥と寄生バチの 3 つの異なる関係。鳥がハチに寄生された虫を好まない場合（左）と好む場合（中）および鳥とハチで虫の好みが違う場合（右）。

のタイプである。したがって、この場合の樹木にとっての鳥の「友達度」は、ハチに寄生されていないイモムシを好む鳥のほうが高いということになる。

一方、寄生バチにとって、鳥に食べられるかどうかは自分自身の生死にかかわる重要な問題である。したがって、適応的な視点から考えれば、捕食寄生する側においては、鳥などの捕食者に食べられない戦略が進化するはずである。しかし実際には、前章で紹介した虫に食われた果実に対する好みと同様に、寄生された虫は鳥に好まれないという結果のほかに、逆に好まれるという結果や選好性に差がないという結果までさまざまである。鳥に好まれない理由としては、寄生されると味が悪くなる、好まれる理由としては動きが鈍くなって捕まえやすくなるなどの理由があげられているが、どちらも確かめられているわけではない。

昆虫に対して鳥と寄生バチの選好性が同じかどうかでも、相互作用の様式は違ってくる（図3‐8）。植物に作られるタマバエなどの虫こぶの大きさは種や個体によってさまざまであり、鳥と寄生バチの選好性については、一致する場合と一致しない場合の両方が知られている。寄生バチが通常小さい虫こぶを好むのに対して、鳥は小さな虫こぶを好んで食べるものと大きな虫こぶを好んで食べるものがある。おそらく体の大きさや嘴の強靭さが、鳥の虫こぶサイズの好みを決めているのだろう。虫こぶはまた分布様式や密度が種類によって違う。鳥は一般に密度依存的な探索を行うため、集中分布をする虫こぶや密度の高い虫こぶを選択的に採食する。ところが、寄生バチには密度依存的な寄生をする種類と密度逆依存的な寄生をする種類があるため、密度依存的な捕食をする鳥には前者のタイプがよく食べられることになる。[7] 鳥と寄生バチで好みが一致する場合は、鳥‐寄生バチ‐虫こぶ

図 3-9　切手になった日本三景

を作る虫‐樹木の四段のカスケードの関係である。一方、両者で好みが一致せず、かつ虫こぶを作る虫どうしが競争関係がある場合には、鳥と寄生バチは競争あるいは食う食われるといった敵対関係ではなくて相利的な友達関係となる。なぜならば、双方の採食が互いに相手の好む虫こぶの数を増加させる結果となるからである（図3‐8）。

このように鳥‐植食昆虫‐植物との三者関係に第四の生物が加わるだけで、生物間の相互作用の様相はかなり複雑になることがわかる。そのせいもあって、四者関係についての実証研究はきわめて少なく、まだほとんど何もわかっていないというのが現状である。アリは寄生バチに寄生されていない植食昆虫を好んで捕食するという報告もあり、現実の世界がもっと複雑なことはいうまでもない。

虫を食べて木の病気を治す

鳥による虫の捕食が木の病気を軽減するのに役立つ場合もある。青い海と白い砂浜を背にした松林の風景は、昔から多くの短歌や俳句に詠まれ、わが国を代表する景観の一つである。日本三景とされる松島、天の橋立、宮島も松林がなければ、きっと味気ない風景になるに違いない（図3‐9）。そんな松林が紅葉して赤く見えるほどに集団で枯れてしまうのが松枯れ病である。マツノザイセンチュウという北米大陸からの侵略者の仕業で、第二次大戦終戦以降急速に病気が拡大しはじめたことから、米軍が進駐したときに持ち込んだのではという話もある。

　マツノザイセンチュウは、自分で木から木へ移動することはできず、マツノマダラカミキリという虫を運び屋として利用している。線虫は病気にかかって枯れた松の材の中で成虫になったカミキリの体内に入り込んで脱出する。健康な松へ運んでもらったあと、カミキリが枝をかじっている間に抜け出して材内に入り込んでまた衰弱させるのである。一方、衰弱した松にしか産卵しないカミキリにとっては、自分が運んだ線虫によって好適な産卵場所を提供してもらうというわけである。この線虫とカミキリの巧妙な相利的な関係により、松枯れが起こり広がってゆくことになるのだ。マツの抵抗性品種への転換、線虫を殺す薬剤の材への注入、カミキリを殺す薬剤の散布や誘因物質の開発など、多くの対策がとられてきた。薬剤の散布については、関係のない他の昆虫や小動物までも殺し、さらには餌の減少によって鳥の個体数や多様性まで減らしてしまう危険性があり、評判はあまりよくない。

　害虫の防除には、まさにカスケード効果を利用した「天敵防除」という方法がある。マツノマダラカミキリに対しても、ボーベリア菌という天敵微生物、幼虫を捕食するオオコクヌストやサビマダラオオホソカタムシ、寄生性のクロアリガタバチ等とともに、注目されているのがキツツキを使った防除法である。とくにアカゲラは、カミキリの幼虫を捕食する能力が高く、その効果を利用しようというものである。

　アカゲラは広葉樹類の枯木等に自ら穴を掘って巣穴やねぐらとするため、松林にはあまり多く生息していない。そこで考えられたのが、人工の繁殖用の丸太とねぐら用の巣箱の設置による誘致である（図3-10）[8]。繁殖用の丸太は、直径二〇センチメートル長さ四五センチメートルのカンバ類の丸

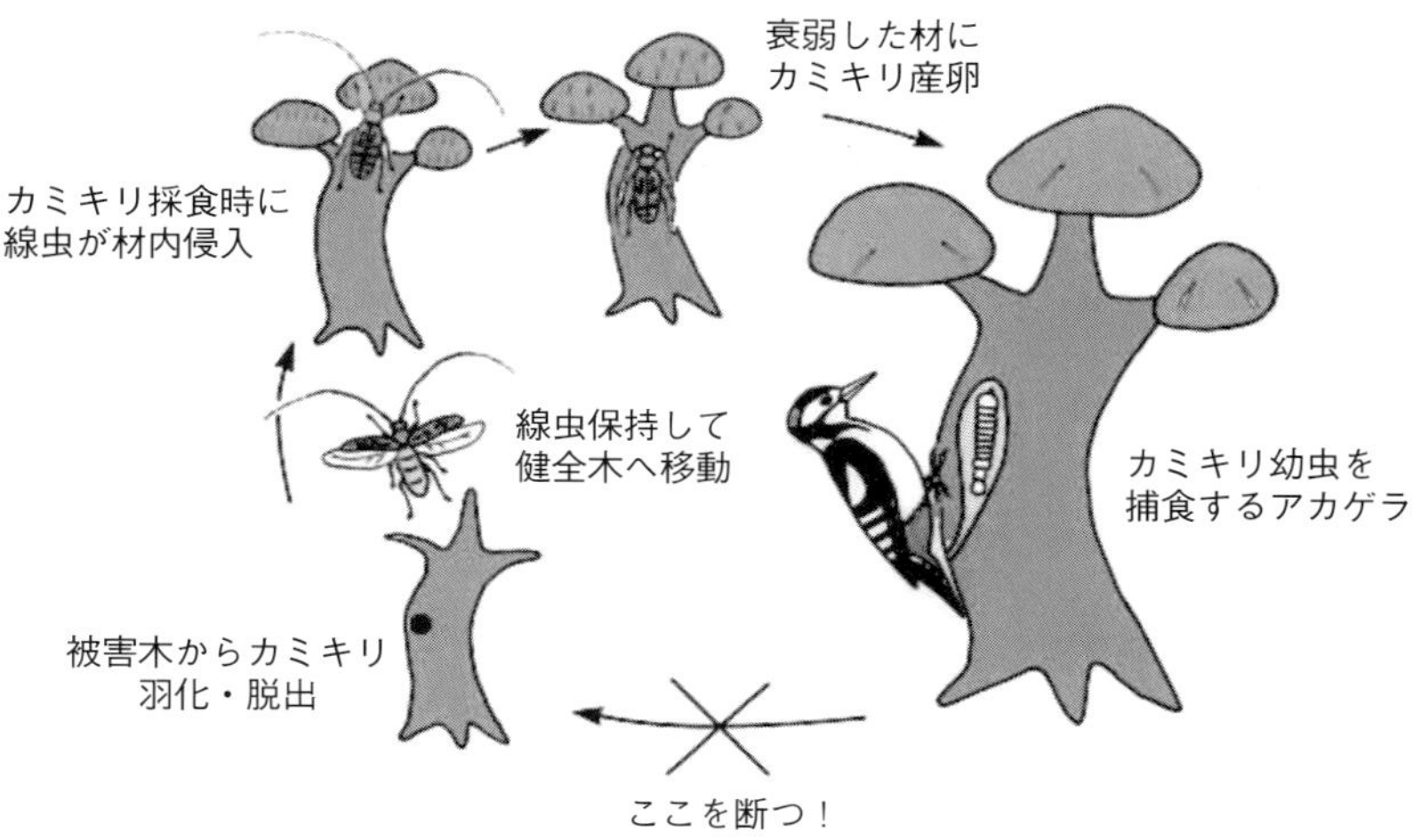

繁殖用巣丸太

ねぐら用巣箱

図 3-10　上：松枯れ発生のメカニズム。下：松枯れ防止のためのアカゲラ誘引を目的とした繁殖用丸太とねぐら用巣箱（森林総合研究所東北支所 1999、森林総合研究所「研究の森から No.74」より転載）

太で、穴を掘りやすいように内部を中空にしてある。ねぐら用の巣箱は、普通の巣箱と違って、底がなく内部はとまりやすいように板に溝が設けてある。出入り口が二つあることで、捕食者に襲われても逃げることも可能である。秋田県の海岸クロマツ林での設置試験では、アカゲラの観察例が多くなり、四年後にはカミキリ成虫脱出率が設置前の半分になり、その効果が確認されている。もちろん、アカゲラの食べる量にも限界はあるため、被害の大きいところでの効果は期待できないが、被害の小さいところで、今以上に病気が広がらないようにするには充分に役に立つに違いない。

3・2 食べられるものたちの反撃

鳥に対する虫の防御

鳥の餌となる虫たちも黙って食べられているわけではない。共進化は前章で紹介した果実と種子散布者あるいは花粉と花粉媒介者のように、互いが利益を受ける生物どうしばかりでなく、食うものと食われるものの間にも生じる。どちらも命がけであるから、赤の女王がいうように、あの手この手の戦術を互いに進化させながら走り続けなければいけない。とくに鳥は視覚の発達した昼行性の捕食者であるので、昆虫の対抗戦術もまた、形態や色彩や模様などのように視覚的な防衛戦術を発達させているものが多い。

チョウの多くは昼行性で派手な色彩を持つのに対して、ガの多くは夜行性で地味な色彩を持つため、愛好家にとっても一般の人にとっても、その人気は圧倒的にチョウのほうが高い。しかしながら、鳥にはチョウはさほど人気はない。なぜならば、チョウには幼虫時代に食草から摂取した成分によって体内に毒を持っていたり味のまずいものが多いからである。チョウのあざやかな色彩や紋様はそのことを鳥に警告するために進化してきたと考えられている。つまり、一度まずいチョウを食べた鳥は、それを記憶して二度と同じ色彩や紋様を持つチョウを食べなくなるのである。一方、夜行性のガは、昼間は同じ色をした樹皮を持つ木の幹にとまり、一体化したように身動きせずにいる。この隠蔽行動もまた、鳥による捕食を避けるために進化してきたものである。ところが、ガの中には昼行性のものもいるが、そのようなガはチョウと同じように毒を持ったりまずいものが多く、色彩も派手なものが多い。

ある生物が別の種類の動植物や無生物体の姿形に似せることを擬態という。カマキリのように捕食者が植物の一部に似せて訪れる虫を捕らえたり、蜜を出さない花が蜜を出す花に似せて訪花昆虫を誘引するといった擬態も知られているが、もっとも普遍的に見られるのが、昆虫やクモが鳥の捕食を回避するために発達させている擬態である。大きく分けると、擬態にも隠蔽的なものと警告的なものがある。木の小枝に似せたシャクガの幼虫（いわゆる尺とり虫：図3-1）やナナフシ、木の葉に似せたコノハチョウやコノハムシ、鳥の糞に似せたトリノフンダマシ（クモの一種）などは隠蔽的擬態の典型的な例である。マダガスカルでしばしば見かけたハゴロモ（ウンカの仲間）の一種は、集団全体で一個の層状の花に擬態していた。しかも、成虫と若虫が違う花の形をしており、両者が一緒にいることで相乗効果が生まれているように見えた（図3-11）。

隠蔽的擬態が急速に進化した例として有名なのが、英国のオオシモフリエダシャクというガである。もともと白っぽい色をしたガであったが、一九世紀なって工業化が進み、工場から排出される煤

図 3-11　マダガスカル産ハゴロモの成虫と幼虫の花に似せた隠蔽的擬態

煙で黒ずんだ枝や幹を持つ木が増えてくるにしたがって、黒っぽい色をしたガに置き換わられるようになったのである。人為的に移し替える実験によって、白っぽいガは汚染の進んだ地域で、黒っぽいガは汚染の少ない地域で捕食される確率が高いこともわかっている[9]。すなわち、鳥による捕食がこのガの隠蔽的擬態を進化させたのである。ところが、最近では汚染防止のとり組みが進んだ結果、黒っぽいガは少なくなってきているらしい。

虫の捕食者に対する警告的な擬態には二タイプがある。一つは、まずい虫どうしが互いに似るものであり（ミュラー型擬態）、もう一つは、まずくない虫がまずい虫に似るものである（ベーツ型擬態）。スズメバチやアシナガバチがどれも同じ黄色と黒の縞模様を持つのは前者の例であり、鳥などの捕食者に対する共通の危険信号の役割をはたす。それに対して、毒のないアブが色彩や姿形をハチに似せているのは後者の例であり、そうすることで捕食を回避する。ハチに擬態している虫は同じ目のアブだけでなく、トラフカミキリやスカシバのように異なる分類群の虫にも見られる。スカシバにいたっては、羽化したときには他のガと同じように羽に鱗粉を持っているが、ハチの羽に似せるためにそれを揺すって落としてしまう。チョウとガでもそれぞれでミュラー型擬態やベーツ型擬態の例は数多く、またアゲハモドキとジャコウアゲハのように無毒のガが有毒のチョウに擬態する場合もある。

チョウやガの成虫の中には、羽に目玉模様を持つものがある。ヤママユガの仲間のように、フクロウの目を思わせる一対の大きな眼もあれば、ジャノメチョウのように小さな眼をたくさん持つものもいる。大きな眼を持つものはふだんは羽を閉じて隠しておいて、襲われそうになったときに羽を広げてその眼を見せて鳥をひるませ、そのすきに逃げることができるのだ。小さな眼は、威嚇のためというよりは鳥の攻撃ポイントをそらすのに有効である。なぜならば、小鳥は虫を捕らえるときには、まず眼をつつく習性があるからである。チョウやガの幼虫にも目玉模様を持つものがあるが、この目玉模様が大きいほど鳥の捕食を回避できることもわかっている。[10] この場合には、鳥はヘビをイメージするのだろうか。

チョウやガの幼虫は大別してイモムシとケムシがあり、成虫とはまた違うやり方で鳥の捕食を回避している。イモムシは本章のはじめで述べたように、森林性の鳥の繁殖期の最大かつ最良の餌であるのに対して、ケムシはその有毒なトゲゆえに鳥には好まれない。イモムシとケムシに対するこの鳥の好みの違いは、両者の葉の採食行動にも影響をおよぼしている。ケムシは昼間でも堂々と葉の上にいて食べているが、イモムシは主に夜間に採食し、昼間は葉の下にいたりシャクガの幼虫のように小枝になりすましている。イモムシはまた、種類によっては夜の間に食べ残した葉を葉柄の部分から切り落としたり、餌を食べた場所とは違うところに移動したりと手のいったことをするものもいる。なぜならば、密度依存的な餌探索を行う鳥は、葉が食べられた量をイモムシ密度の指標とする傾向があるからである。

ちなみに、イモムシの中には葉を巻いて隠れているものがある。この行動は一見、鳥からの捕食を逃れるのに適しているように思える。しかしながら、実際に野外で観察していると、シジュウカラ類などの鳥によって片端から葉をほどかれて食べられてしまう。視覚で餌を探す鳥にとっては、巻かれた葉がむしろ目印となってしまうようである。イモムシが葉を巻く理由としては、寄生バチのような鳥以外の天敵に対する回避効果や葉の内部環境の安定性や栄養価の維持効果があげられている[11]。

昆虫が捕食回避のために発達させた毒性も、それを克服した特定の鳥に対してはまったく無力である。たとえば、ハチクマ（*Pernis apivorus*）はハチに刺されても平気な羽毛を進化させたことで、スズメバチやミツバチの巣を襲ってその幼虫を専門的に食べることができる。熱帯性のハチクイ類もまた、その名の通りハチの成虫を食べるために特殊化した鳥である。数百万という大群を作って移動することで知られる北米大陸のオオカバマダラは、その強い毒のためにあらゆる鳥の捕食を逃れていると思いきや、越冬先のメキシコではチャバライカル（*Pheucticus melanocephalus*）とボルチモアムクドリモドキ（*Icterus galbula*）の二種に捕食される。カッコウ類もまた、他の鳥が食べない毛虫や警告色を持つ有毒のイモムシを好んで食べる。両端を切り取ったあと、嘴で振り回したりしごいたりして体内の毒をある程度絞り出したあとに飲み込むのだ。胃の中に入った毒は特殊な酵素によって中和され、また、消化されずに胃内に貯まった毛虫の毛はペリットとして排出される。これらの鳥は人間でいえばゲテモノ食いの部類に入るが、いったん克服してしまえば、他の種類の鳥との餌をめぐっての競争からは解放されることになる。

木の虫への防御と鳥の捕食

虫が鳥に対して捕食回避のための戦術を発達させていたように、樹木もまた虫に葉を食べられないためのさまざまな防御手段を発達させている。植物の化学的防御物質はその機能から、量的物質と質的物質の二つのタイプがある。タンニンやフェノール化合物などの高分子化合物は量的物質であり、毒性は低いが大量摂取によって昆虫の消化作用を妨げる働きがある。したがって、この物質を食べた昆虫は発育が遅れ動きも鈍くなるために、鳥などの捕食にあいやすくなる。一方、質的物質にはアルカロイドやカラシ油配糖体などの低分子化合物が含まれ、アミノ酸の合成を阻害するなどの毒性が強く、わずかな量でも効果がある。1章では、白亜紀後期に恐竜の多様性が低下したのは植物のこれらの防衛物質に対抗できなかったためだという説を紹介した。

春先に芽吹いて現れた樹木の淡緑色の新葉は見るからにみずみずしく、それを食べるイモムシにとってはいかにも柔らかくておいしそうである。しかし、その葉も一カ月もたたないうちに乾いて固くなり、色も濃緑色へと変化する。このわずかな期間に水分が急速に失われる一方で、量的防御物質であるタンニンが急速に増えてしまうのである。いいかえれば、イモムシにとって樹木の葉が餌として適している期間はたったのひと月であり、それを餌とする鳥もまた数のもっとも多くなるこの時期に合わせて子育てを行わなわなければならないことになる。また樹木の葉には組織内につねに持っている恒常的防御のほかに、食べられたことに反応して生じる誘導防御がある。このような誘導防御反応があると、ある年にイモムシが大発生して葉を食べられると、翌年の葉にはタンニンが大量に含まれるために幼虫の生存率が低下して個体数が減少することになる。森林昆虫で知られる個体数の周期的変動は、このような樹木側の誘導防御反応によって生じる可能性が指摘されている。[12]

一方、毒性の高い葉の質的防御物質は、毒のある虫がそれを克服した鳥に対しては無力なように、解毒酵素を獲得した昆虫に対しては無力である。さらに困ったことには、このような昆虫は鳥などの天敵にとってもまずいために捕食を逃れている可能性がある。実際に、低分子化合物であるサリチル酸の含有率の高いヤナギで葉を食べる甲虫は、そうでないヤナギの甲虫よりも鳥の捕食にあいにくいという報告がある。[13] また、化学的防御をするヤナギとしないヤナギとの間での比較研究によれば、自己防衛をしているヤナギには虫が少なくて鳥もほとんど訪れないのに対して、そうでないヤナギには虫が多いために鳥も頻繁に訪れる。網がけによって虫密度や枝葉の生長に対する鳥の捕食効果を調べると、明らかに後者で高かった。[14] すなわち、自己防衛をしないヤナギにとっての頼みの綱は鳥による捕食だったのである。

植物の中には、トゲやトリコーム（密生毛）などを葉や茎に持つことで、植食動物に対して物理的に防御しているものもある。トゲはシカなどの草食性哺乳類に対して、トリコームは吸汁性の昆虫に対して効果的であると考えられている。このような植物の物理的な性質が、鳥による昆虫の捕食効果に与える影響を調べたものはほとんどない。ヨーロッパにおいて、セイヨウヒイラギの一種の葉のトゲが穿孔性のハエの幼虫に対する鳥の捕食におよぼす影響を調べた二つの研究がある[15,16]。結果は両者で異なり、一方はトゲが多いほど鳥による捕食が妨げられ幼虫の数が増加するという結果が得られたのに対して、他方は鳥の捕食はトゲ数の影響を受けないという結果が得られた。前者の結果が正しいならば、ヒイラギにとっては食葉性の昆虫に対する防御よりも哺乳類に対する防御のほうがより重要だということとなるが、後者の場合は、哺乳類に対しては自衛し、昆虫に対しては鳥の援護を期待しているということになる。

植食昆虫の天敵は植物に有益な効果をもたらすので、植物はそのような生物を誘引するような形質（たとえば、花外蜜腺）を進化させているものも多い。このような植物の防御方法は、化学的防御や物理的防御に対して、生物的防御とよばれている。実際に、植食昆虫を捕食するアリやダニに対して多くの例が知られている。食虫性の鳥に対しても同じ論理が当てはまるはずであるが、その視点からの研究はほとんど行われていない。しかし、樹木は植食昆虫の捕食を鳥にかなり依存していることから、樹木の分枝様式、小枝の長さや太さ、葉の密度や形態や分布、枝と葉の間の距離などは、鳥との関係で進化してきたのだとする説もある[17]。

上で述べたように、味の良いイモムシは昼間は葉の下にいることが多いので、鳥にとっては、葉柄や当年生枝が水平方向に広がるブナやカンバ型の樹木よりも垂直方向に伸びるカエデ型の樹木のほうが、餌を探しやすくかつ捕まえやすいと思われる（図3－12）。私の調査でもシジュウカラ類は前者タイプの樹木よりも後者タイプの樹木を好んで利用することがわかっている（図3－13）。ヤナギの近縁種間で植食昆虫に対して化学的防御を発達させたものとそうでないものがあり、後者のタイプ

図 3-12　樹木の枝葉の付き方と鳥の採食。葉柄が短くて水平方向に出るブナタイプ（左）と葉柄が長くて垂直方向に出るカエデタイプ（右）では、葉の下に多いイモムシを探して食べる種類の鳥にとっては、後者が利用しやすいと予想される。

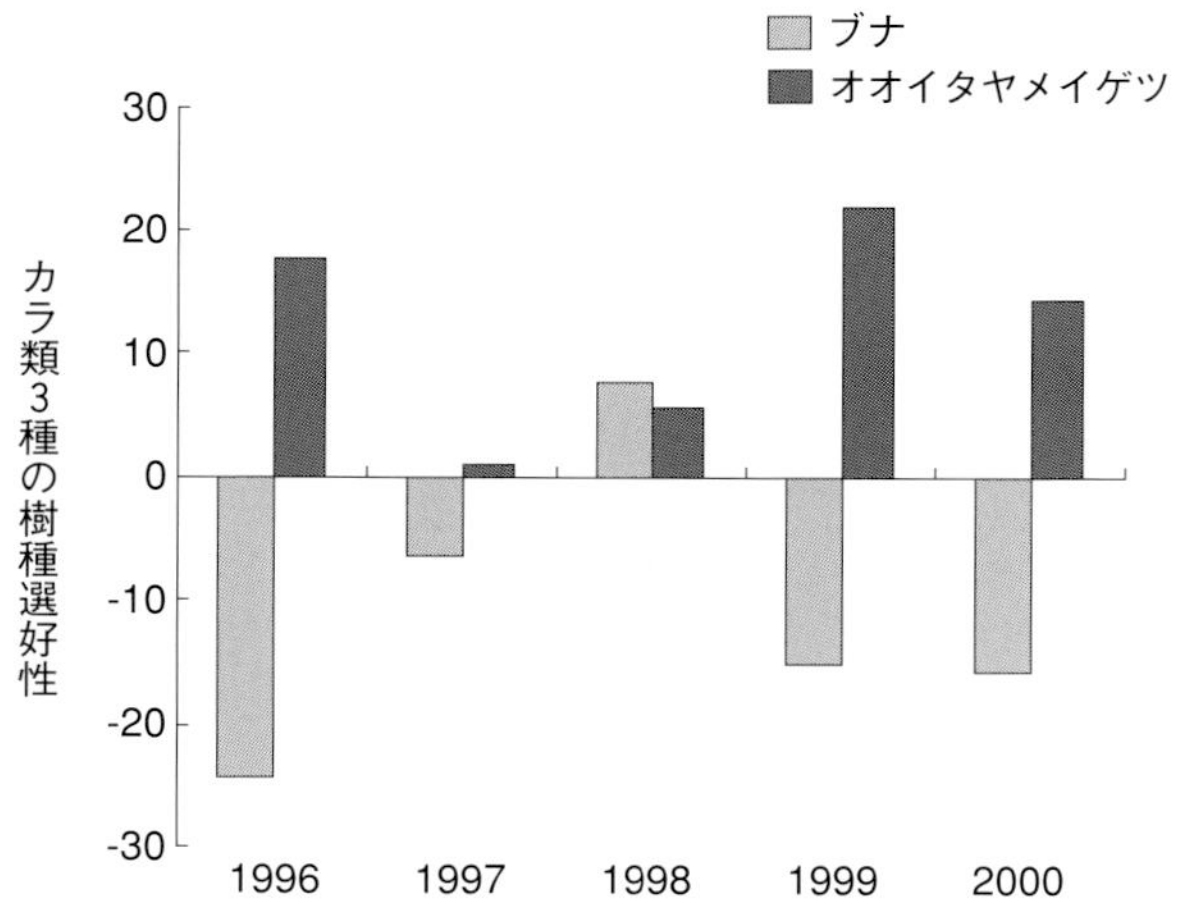

図 3-13　大台ヶ原におけるシジュウカラ類によるブナとオオイタヤメイゲツ間の利用選好性の違い。ブナにイモムシの多かった年（図 3-5 参照）以外は、オオイタヤメイゲツのほうが好んで利用されていることがわかる。

では鳥による虫捕食が重要な役割をはたしていることを述べた。だとすると、鳥に好まれない枝葉の形状をした樹木は、自己防御を発達させているという可能性はないだろうか。たとえば、カエデとブナを比較してみると、カエデの葉のほうがブナの葉よりも長期にわたって柔らかく虫に対する化学的防御性が弱いように思われる。それを反映してか、大台ヶ原ではオオイタヤメイゲツのほうがブナよりも葉上でイモムシが見られる期間が一カ月近く長い。しかも、イモムシの大発生はブナのみで見られ、オオイタヤメイゲツでは毎年少ない個体数に抑えられていた（図3－5）。現在のところあくまでも仮説であるが、樹木の形状と化学的防御、虫の個体数変動、鳥の樹種選好性と虫の捕食効果との間には意外におもしろい関係が隠されているかもしれない。

4章
森の鳥たちの敵対関係

4・1　似た鳥どうしの競合

空間をめぐる争い

春の日の早朝、森の中を歩いているといろいろな種類の鳥に出会う。樹冠ではシジュウカラ類が枝葉を忙しく飛び移りながらイモムシやクモを探し出して食べ、キツツキ類が幹を登り降りしながら幹に穴をうがって甲虫の幼虫を取り出して食べている。ヒタキ類は枝の一カ所に陣取って飛びつきを繰り返しながら飛んでいるハエやハチを捕らえ、林床では、大型のツグミ類が両足で飛び跳ねながら地中からミミズなどを掘り出して食べている。薮の中からは姿はあまり見えないが、小型ツグミ類やホオジロ類が棲みついていることが地鳴きやさえずりからわかる。ここで「類」と称した分類学的に近縁な鳥たちは、外見ばかりでなく餌の好みや習性も似ているのが普通である。それにもかかわらず、彼らが森林内で共存できるのはなぜだろうか。

種間競争とは、制限された共通の資源を利用する異なる種の間の関係のことで、競争する種は双方もしくは片方が、生存、成長、繁殖、個体数などに負の影響を受ける。競争には大きく分けて、資源をめぐっての直接的な争いをともなう干渉型と資源の減少を通して間接的に競争が生じる消費型の二つがある。兄弟が一個しかない飴玉をケンカして取り合うのが前者、相手よりもすばやく探し出して食べてしまうのが後者ということになろうか。前者であれば体の大きい兄が勝つ確率は高いが、後者であればすばしっこくてめざとい弟が勝つかもしれない。飴玉がいく種類かあれば、兄弟はそれぞれ好みの飴玉から食べはじめるであろう。両者で好みが違うか飴玉が充分にたくさんあれば仲良く食べるだろうが、好みが一致したり数に限りがあるときにはまた兄弟げんかがはじまるに違いない。

森林の中でも、兄弟のように似通った鳥どうしが同じ餌をめぐって競合関係にある。先に紹介した同じ類に属する鳥たちは、その典型的な例である。このような鳥たちはしばしば森林内の空間を使い分けることで、共存を可能にする。たとえば、姿形のそっくりなシジュウカラ、ヤマガラ、コガラ（*Parus montanus*）あるいはハシブトガラ（*P. palustris*）、ヒガラ（*P. ater*）といったシジュウカラ類（口絵－3）は、種間でそれぞれに利用する高さ、樹種、樹木部位などが違う。オオアカゲラ（*Dendrocopos leucotos*）、アオゲラ（*Picus awokera*）あるいはヤマゲラ（*P. canus*）、アカゲラ、コゲラ（*D. kizuki*）といったキツツキ類では、餌をとるために穴をうがつ幹や枝の太さ、枯死木と生木の比率などが違う。オオルリ（*Cyanoptila cyanomelana*）、キビタキ（*Ficedula narcissina*）、サメビタキ（*Muscicapa sibirica*）、コサメビタキ（*M. dauurica*）といったヒタキ類では、飛翔昆虫を捕らえるための止まり木の高さ、飛び出す方向や距離などが違う[1]。餌資源量が少なくなるほど、これらの種間での空間利用の違いは一般に大きくなる。

ところが、逆は真ではない。つまり、利用する空間が近縁種間で違うからといって競争的な関係があるとは必ずしもいえない。なぜならば、近縁種といえども、体の大きさや形態には違いがあるため、他の種がいようがいまいが、それぞれの種が得意とする場所を使っているだけかもしれないからである。種間競争があるかどうかを、手っとり早く調べるのには、一方の種を除去してみて他方の種の反応を調べてみるのがよい。北欧の針葉樹林における冬期の調査では、両方一緒にいるときはコガラが樹木の内側、ヒガラが外側を利用するが、コガラを実験的に除去するとヒガラが内側を利用するようになることが知られている。[2] このことから、ヒガラが体の大きいコガラの利用する場所を、一緒にいるときには避けていることがわかる。樹木の内側が好まれるのは、猛禽に襲われる危険性が低いからであるらしい。

餌をめぐる争い

除去実験を行えば、種間競争があるかどうかを単純に知ることができるが、それだけでは競争のメカニズムを具体的に把握することはできない。鳥が他種と競合しているのは空間そのものではなく、空間の違いに応じて分布している餌や巣場所や捕食者の回避場所といった資源だからである。資源量が充分に存在したり、それぞれの鳥が独自の方法で最適に資源を利用しているのであれば、種間で空間利用に違いがあったとしても、それを説明するのに種間競争をわざわざ持ち出してくる必要はない。それを明らかにするには、資源が森林内にどのように分布しているかを調べ、それぞれの鳥がその資源をどの程度効率的に利用できているかを解析する必要がある。このような解析によって予想とは異なる結果が得られたならば、そのときにはじめて種間競争の可能性を疑い、除去実験等による実証という次の段階に進むというのが正しい手順だろう。

　繁殖期におけるシジュウカラ類の空間利用を餌資源の分布と動態にもとづいて、著者らが解析した結果を以下に紹介する。[3] 北海道大学の中川地方演習林のミズナラ（全樹種の三五パーセント）とダケカンバ（三一パーセント）が優占する林には、シジュウカラ、コガラ、ヒガラの三種が繁殖していた。[4] 繁殖期に二年間、それぞれの鳥が森林内で餌をとるために利用した高さと樹種を調べた（図4-1）。[4] 樹冠内で鳥の利用する高さはどの種もそれぞれの高さの葉量に比例して利用しており、種間での違いはなかった。一方、樹種については明瞭な違いがあり、それはまた年によって変化した。

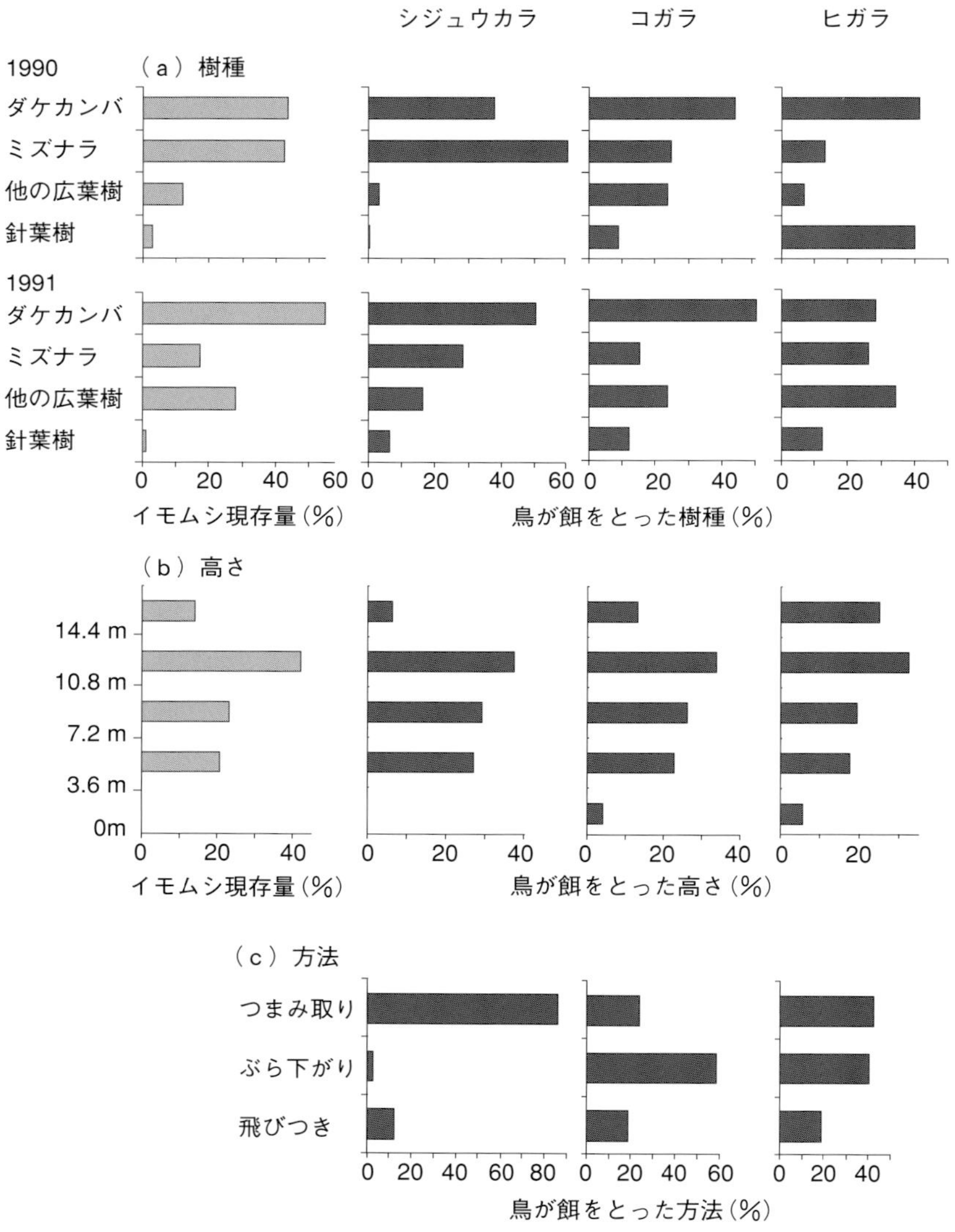

図 4-1　北海道大学中川地方演習林におけるシジュウカラ類 3 種が採食に利用した樹種、高さ、方法（Hino et al. 2002 を改変）

図 4-2　昆虫の垂直分布を調べるために用いた北海道大学中川地方演習林の鉄パイプを組んで設営された樹冠観測塔の外観と内部の様子

すなわち、シジュウカラは優占樹種であるミズナラとダケカンバをほぼ専門的に利用していた。コガラはダケカンバをもっともよく利用するものの優占二種以外の樹種も幅広く利用した。ヒガラもさまざまな樹種を利用していたが、年間で共通の特徴というものはなかった。

このシジュウカラ類三種の高さと樹種の利用を餌である虫の分布でどのように説明できるであろうか。餌の垂直分布は、調査地の林内に設営された一〇メートル四方、高さ一五メートルのパイプやぐらを用いて調べた。このやぐらには、優占樹種であるミズナラとダケカンバが六本ずつ含まれ、一・八メートルの高さの階層ごとに調査ができるように横板が張ってある（図4－2）。この樹冠調査用ジャングルジムを用いて、イモムシの数と体長を調べ葉の単位枚数当たりの虫の現存量を算出した結果、高さによって大きな違いはなかった。したがって、鳥は高さに関しては虫の量に依存して利用し、その方法については種間で違いがないことがわかった。

一方、虫の量は樹種ごとに大きな違いがあり、年によっ

表4-1　シジュウカラ類3種の樹種選好基準

	イモムシ密度		森全体のイモムシ量		採食効率
	葉当たり	面積当たり	葉当たり	面積当たり	
樹種選好性					
シジュウカラ	NS	NS	＋	(＋)	(＋)
コガラ	NS	(＋)	NS	NS	NS
ヒガラ	－	NS	－	NS	NS
採食効率					
シジュウカラ	(＋)	NS	＋	＋	
コガラ	NS	(＋)	NS	NS	
ヒガラ	NS	NS	NS	NS	

正の相関：＋ $P < 0.05$, (＋) $0.05 < P < 0.1$；負の相関：－ $P < 0.05$；NS：$P > 0.1$

てその分布様式は変化した。シジュウカラ類三種の樹種利用は、餌条件によってどのように説明できるであろうか。樹種によって葉の大きさおよび立木密度が違うため、虫の現存量の指標として、各樹種の①葉の単位枚数当たり、②葉の単位面積当たり、③森林全体（①あるいは②の値に胸高直径にもとづいた各樹種の構成比を乗じた値）の三つを取り上げ、カラ類各種の樹種選好性および採食効率との関係を調べた（表4－1）。

体がもっとも大きいシジュウカラは、三番目の指標である森林全体で虫現存量の多い樹種で、採食効率が高く選好性も高かった。すなわち、この鳥は数の少ない樹種はほとんど無視して、優占樹種のミズナラとダケカンバのみに絞ることで、効率的な餌の探索と採食を行っていると考えられた。一方、中間の大きさのコガラは、葉の単位面積当たりの虫現存量が多い樹種で採食効率と選好性が高かった。すなわち、シジュウカラが樹木単位ごとの「きめの粗い」探索者であるのに対して、コガラは枝葉のスケールの「きめの細かい」探索者であった。これは両種の採食テクニックの違いからもわかる（図4－1）。シジュウカラは枝の上面にとまった状態で餌をつまみ取る方法がほとんどであるのに対して、コガラはぶら下がったり飛びついたりといろいろな方法で餌をとる。つまり、シジュウカラとコガラでは、コガラのほうが細かいスケールで枝や葉にいる虫を探して食べることができる。おそらく、この採食テクニックの違いは、両種の体重の違いばかりでなく骨格の違いとも関係していると思われるが、重要なのはそれぞれが持つ得意な方法で効率的に採食できる樹種を選択して利用しているということである。つまり、両種間の樹種利用の違いは競争なしでも説明可能である。

では、体がもっとも小さいヒガラの樹種利用はどう説明できるであろうか。ヒガラもコガラと同様に採食テクニックは多様であり、さまざまな樹種を利用していたが、その選択性は餌条件の悪い樹種を利用するという一般的な予想とは違うものであった。当然のことながら、他の二種のように樹種選好性と採食効率との間に関係はなかった。考えられる理由の一つとしてまずあげられるのは、ヒガラが針葉樹林に適応した鳥であるために、広葉樹の優先する林においても餌条件にかかわらず針葉樹を選択的に利用している可能性である。しかし、針葉樹をあまり利用しなかった年があるように、必ずしも針葉樹の専門家だとはいえない。同じ林でもっぱら針葉樹から羽ばたきながら餌をとるキクイタダキ（*Regulus regulus*）が、ヒガラよりも高い採食効率を示していたことから判断すると、ヒガラの非効率ななんでも屋的樹種利用は否めない。[3] ヒガラについては、北欧の針葉樹林での除去実験で示されたように、調査地においても体の大きいシジュウカラとコガラからの干渉的な競争の影響を受けていた可能性が高い。

同じような結果が、奈良県大台ヶ原での調査でも得られている。ここでは、シジュウカラとヤマガラとヒガラが繁殖していた。[5] 採食効率は三種ともイモムシの多い樹種で高かったが、樹種選好性とイモムシ量との関係に関しては、シジュウカラとヤマガラで正の関係が見られたのに対してヒガラで負の関係が見られた。つまり、前二種は餌条件が良くて採食効率の高い樹種を選択的に利用したのに対して、ヒガラはそうではなかったことになる。北海道の結果と同様に、ここでもシジュウカラとヤマガラとの間に餌をめぐる競争的関係を想定する必要はないが、ヒガラは体の大きい（すなわちケンカの強い）これらの種からなんらかの干渉的な影響を受けていたと考えざるをえない。ここまでわかったところで、優位種の除去によるヒガラの採食行動の変化を調べてみるのは、次のステップとして意味があるだろう。

ここで一つ注意しなければいけないことは、鳥による樹種選好性が樹種ごとに違う枝葉の形状や配列パターンに影響を受けることである。とくにシジュウカラにおいて顕著で、北海道ではダケカンバよりもミズナラを、大台ヶ原ではブナよりもオオイタヤメイゲツを餌量から予想される以上に好んで利用していた。これはダケカンバやブナが他方の樹種に比べて葉柄や当年生枝が水平方向に出ているために、ぶら下がったり飛びついたりして餌をとることがあまり得意でないシジュウカラにとっては、葉の裏に多いイモムシをとるのが難しいからだと推測される（3章）。したがって、同じ餌資源量であっても、実際に利用可能な量は樹木や鳥の種類によって違うことを知ることが大切である。

巣場所をめぐる争い

森林には樹洞に巣を作るものが多い。キツツキ類はドリルのような嘴でもっぱら自分で穴をうがつが、フクロウ類、シジュウカラ類、ムクドリ類、スズメ類のほか、オシドリ（*Aix galericulata*）、アカショウビン（*Halcyon coromanda*）、ブッポウソウ（*Eurystomus orientalis*）、ルリカケス（*Garrulus lidthi*）、キビタキなどは、キツツキの古巣や枝折れあと等にできる自然樹洞を利用する。コガラとアカショウビンは、柔らかい枯れ木に自分で穴をうがつこともある。

樹洞に巣を作る鳥にとって、繁殖期における巣穴の数は個体数の制限要因となることが多く、種間での巣穴をめぐる競合はしばしば激しいものになる。私が学生時代に調査を行っていた北海道の防風林で春先に何度か、コムクドリ（*Strnus philippensis*）の巣穴が産卵中にもかかわらずひと回り大きいムクドリに奪われてしまったのを観察したことがある。夏鳥であるコムクドリは留鳥であるムクドリよりも産卵時期が遅いので、このような乗っ取りは起こりにくいのだが、繁殖の遅れたムクドリの中にはこのようなあくどいことをするものがいるようだ。ムクドリやコムクドリは周辺の耕作地や草原で餌をとり、防風林では巣場所の周辺しか防衛しないため繁殖密度は高い。ところが、巣穴製造者のアカゲラとコゲラの数はそれほど多くないために、提供される古巣には限りがあり、それをめぐる競合が激しいのであろう。自分の雛を他の同種個体の巣に預ける「種内托卵」がこの二種で顕著に見られるのも、このような住宅難が原因だと考えられる。巣箱を用いた調査によると、入り口の直径が四センチメートル以下であればコムクドリがムクドリに巣を奪われることはないらしい。ということは、巣穴の直径が三〜四センチメートルのコゲラの中古マンションにはコムクドリが、四〜六センチメートルのアカゲラの中古マンションにはムクドリがそれぞれ棲みついている可能性があるが、まだ確かめた人はいないようである。

同じ防風林には、樹洞営巣性のシジュウカラとハシブトガラが繁殖していた。市販の巣箱の作り方のマニュアルには、シジュウカラをよびたい場合には三センチメートル弱が適当とされている。これ

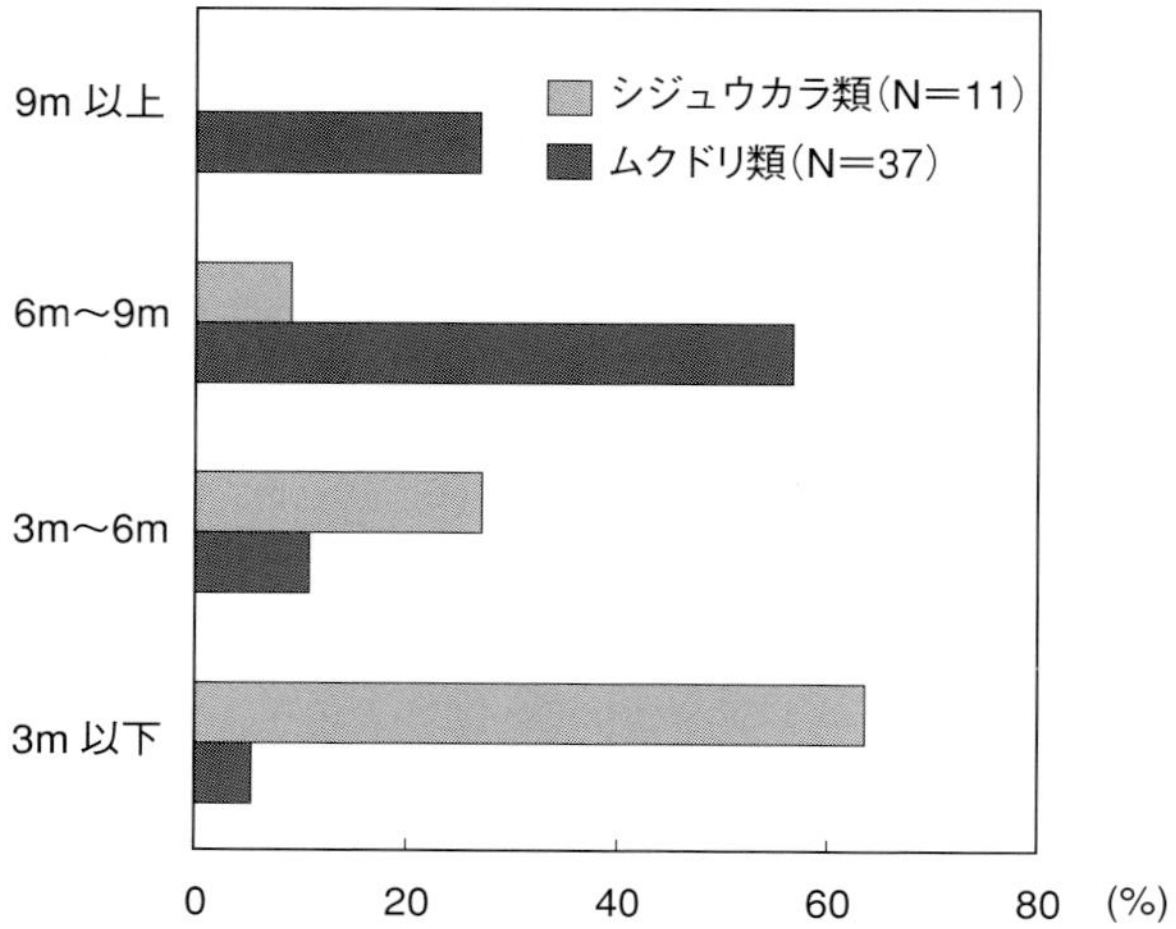

図 4-3　札幌近郊の防風林におけるムクドリ類とシジュウカラ類が利用した巣穴の高さの分布

は市街地に多いスズメ（*Passer montanus*）に乗っ取られないためであるが、ムクドリやコムクドリの乗っ取りを避けるにも好都合である。ところが、自然界において、こんな小さな巣穴は生木の枝折れあとにくらいしかできず、カラ類の多くはこのような穴を巣場所として利用していた。ムクドリ類の多いこの林では、カラ類にまでキツツキ類の古巣はあまり回ってこなかったようだ。運良く回ってくることがあっても、その多くはムクドリがあまり利用しない三メートル以下の低い位置に作られたものであった（図4－3）。住宅難のためか、幹の根元にできた穴に営巣するカラ類も多かったが、そのほとんどはヘビなどの捕食に遭い、雛を巣立ちにまでいたらせることは難しかった。

しかし、ムクドリ類やスズメが繁殖しない国内の自然林では、シジュウカラ類は穴が大きくて高い位置に作られたキツツキ類の古巣も利用できる。ところが、欧米の森林にはホシムクドリ（*Strnus vulgaris*）が繁殖していて、シジュウカラ類などの二次的な樹洞利用者の巣穴ばかりでなく、製造者であるキツツキ類の巣穴さえ奪ってしまうらしい。北米のホシムクドリはヨーロッパからの外来種であるために、在来種の繁殖に与える影響は大きく、とくに産卵期の重複する鳥への影響は深刻で、個体数の減少や生息域の変更が起こっている。

餌資源の利用と同様に、巣穴の資源においても森林内に分布する樹洞の数、利用可能な樹洞の数、鳥による利用の三点セットが調べられる必要がある。鳥によって利用される自然樹洞の多くは、キツツキによる古巣と生木の枝折れあとにできる穴である。2章で紹介したように、キツツキは生きた木よりも枯れた木を、細い木よりも太い木を好んで巣を作る。枝折れあとの穴は樹齢の進んだ広葉樹にできやすい。したがって、林の種類や年齢によって樹洞の数は違うことが予想され、実際これまでの報告によると、ヘクタール当たり六個から六〇個とかなり幅がある。そのうちどのくらいが鳥に使われているかを調べた研究でも一〇パーセント以下から九〇パーセント以上までと大きな幅があるものの、五〇パーセント以上というものがほとんどのようだ。[6] 樹洞の多くは同種あるいは異種によって繰り返して何度も利用される。これは資源が限られていることを示している。そのため、鳥による巣穴の利用は種間競争の影響を強く受ける結果となる。つまり、捕食に遭う危険の少ない高い位置にある樹洞はムクドリのように優位な種によって使われるため、劣位な種が利用可能なのは、優位種が利用できない小さな穴の樹洞か、低い位置にある樹洞だということになる。ただし、自分で枯れ木に巣穴を掘って作るコガラや大きな穴を泥で小さく改装するゴジュウカラは、優位種の好みに左右されない樹洞営巣が可能である。

樹洞性の鳥にとって巣穴の数が繁殖密度の制限要因となっていることは、巣箱をかけると繁殖密度は劇的に増加するという多くの実験結果から明らかである。巣穴をめぐる種間競争もまた、巣箱を用いて明らかにされてきた。たとえば、ヨーロッパでは巣箱の数や入り口の大きさを変えることで、シジュウカラとアオガラ（*Parus caeruleus*）の関係が調べられている。[7] 巣箱密度が高い区画ほどシジュウカラの繁殖密度に対するアオガラの繁殖密度の比率が高くなった。さらに、巣箱密度が低いときにはシジュウカラの繁殖密度の増減に対してアオガラの繁殖密度が負の関係を示したのに対して、巣箱密度が高いときには両種とも同じ密度変動を示した。ただし、シジュウカラの利用できない穴の大きさにすると、体の小さいアオガラの繁殖密度が増えた。これらの結果から、巣穴をめぐる競争はケンカの強いシジュウカラがつねに優位であり、巣穴の数が制限されているときには劣位なアオガラの繁殖密度が抑制されることを意味している。

樹洞をめぐる競争は、夏鳥と留鳥の間にも起こる。キビタキのような樹洞営巣性の夏鳥は、巣穴の競争では留鳥であるカラ類には勝てない。訪れたときには、適当な巣はすでに留鳥によって占められている可能性が高いからである。そのため、キビタキの巣は樹洞ばかりでなく幹の割れ目や蔦の絡んだ隙間などに作られることも多い。ヨーロッパでは、カラ類の繁殖密度の増減に対して樹洞営巣性のヒタキ類の繁殖密度が負の関係を示すことや、カラ類を人為的に除去するとヒタキ類の繁殖密度が増加することなどが知られている。[8]

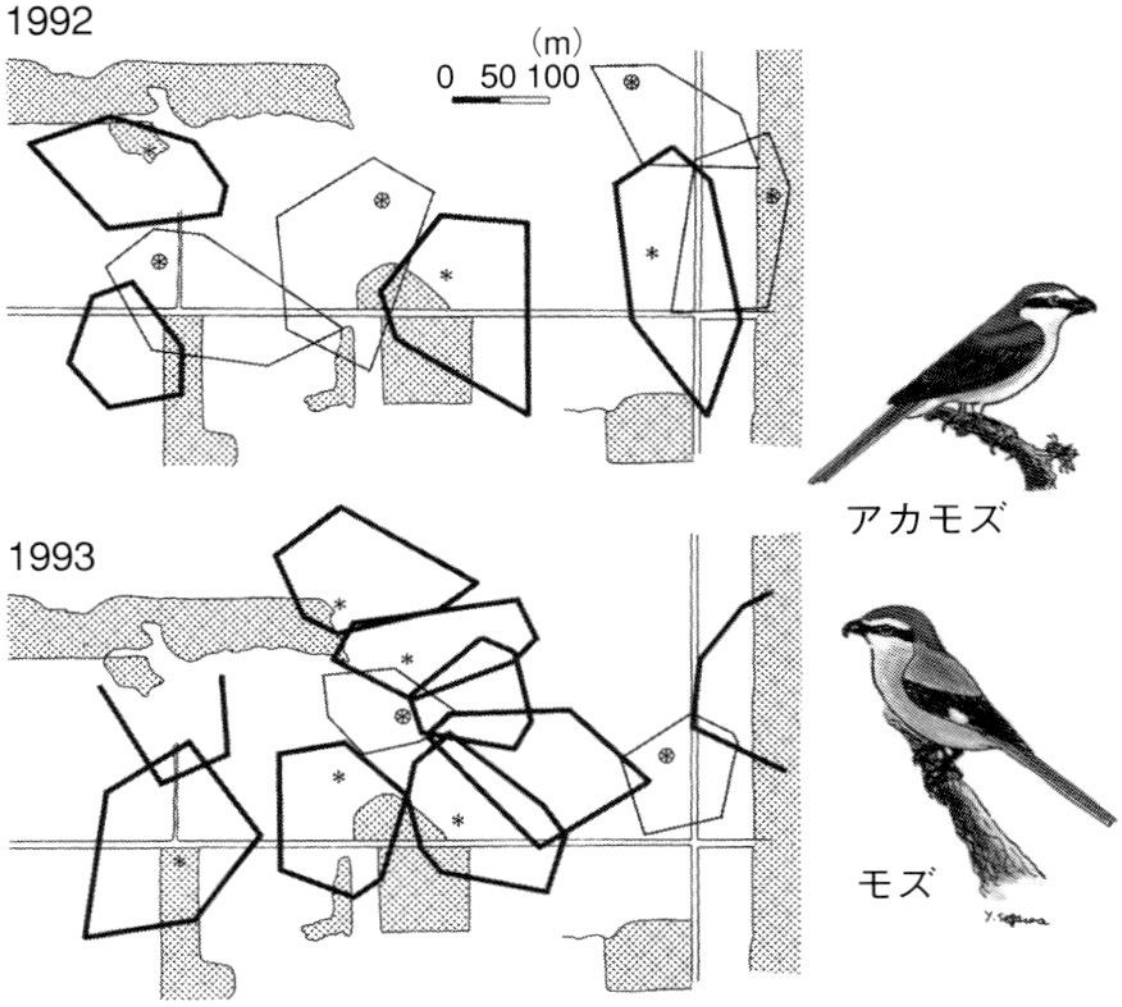

図 4-4　札幌近郊の農耕地内小林地におけるモズ（太線）とアカモズ（細線）の種間縄張り分布。※印は両種の巣の位置を示す。網かけ部分は小林地、十字に走っているのは道路、それ以外の部分は農耕地と草地である（Takagi 2003 より、イラスト：瀬川也寸子氏）。

縄張りをめぐる争い

これまで紹介してきたように、似た鳥どうしが同じ森林に生息する場合には、餌をとる場所や餌の種類を違えるのが普通である。ところが、虫ばかりでなく小鳥や爬虫類さえも捕らえるために「小さな殺し屋」の異名をとるモズ（*Lanius bucephalus*）とアカモズ（*L. cristatus*）は、羽色が違う以外は大きさも姿形もそっくりであるにもかかわらず（図 4-4）、このような方法はとらない。両種は、草原や農耕地と隣り合った林の周縁部や藪を好んで繁殖し、同種個体に対して行うように異種個体に対しても互いに排他的な縄張りを作る。本州ではモズが留鳥でアカモズが夏鳥であるが、北海道ではモズもまた本州を越冬地とする夏鳥である。

札幌近郊の農耕地に点在する防風林と小林地では、モズが東南アジアで越冬するアカモズよりもひと月ほど早く飛来し縄張りを作りはじめる。モズの中にも飛来時期に幅があって、早く来たものは防風林に、遅れてきたものは小林地に縄張りを作る。この小林地に棲みつくモズが、さらに遅れて飛来するアカモズと種間縄張りを作ることになる。ここでは、アカモズの縄張りはすでに作られているモズの縄張りの間に割り込むようにして作られていく[9]。ところが、札幌市内の北海道大学農場での両種の縄張りの形成過程はこれとは違っている。毎年、先着のモズは先取りした縄張り内で何度か産卵しては放棄することを繰り返し、結局、遅れて飛来したアカモズとの激しい闘争によって二種間の縄張りの配置が確定してから、両種が同じ時期に繁殖を行うことになる[10]。

この縄張り形成過程の違いは、おそらく後着してもなお充分な餌資源を確保できるだけの縄張りがあるかどうかと、それに起因するアカモズの攻撃性が関係しているのではないだろうか。すなわち、近郊農耕地の場合は、小林地に縄張りを作る余裕があったのでアカモズの攻撃性も弱く、小林地のモズも割り込みを許容したのであろう。一方、市内の農場の場合は、縄張りを作ることのできる場所が限られているためアカモズの攻撃性が強く、モズは産卵中であっても種間での縄張りの再構成を余儀なくされるのではないだろうか。逆にいえば、前者の場合もアカモズの数が多ければ防風林に縄張りを構えていたモズも安泰ではなく、一方、後者の場合も利用可能な場所が豊富にあれば穏やかに縄張りが作られたかもしれない。

このように縄張りをめぐる種間の競合は、餌資源量にもとづく利用可能な縄張りの数、種間の優位－劣位の関係および先着－後着の関係によって決まると考えられる。モズとアカモズの場合は両者の力関係に差がないため、環境条件によって両種の間には縄張りをめぐる激しい闘争が見られた。種間で優劣関係に違いが見られる場合は、どちらが先着か後着かで異なる縄張り形成パターンが報告されている。先着種が優位で後着種が劣位の場合は、後者の縄張りは前者の縄張りの隙間を埋めるように作られ、両者間に激しい闘争は見られない。このタイプの種間縄張りは、ヨーロッパにおけるズグロムシクイ（*Sylvia atricapilla*）とニワムシクイ（*S. borin*）、チフチャフ（*Phylloscopus collybita*）とキマユムシクイ（*P. inornatus*）あるいはキタヤナギムシクイ（*P. trochilus*）等との関係が知られている[11,12]。この場合、先着種の繁殖密度は後着種の繁殖密度に大きな影響を与えるが、その逆は小さい。そのため、実験的に先着種を実験的にとり除くと後着種の繁殖密度は劇的に増加する。キマユムシクイは集合的な縄張りを作り、年によって繁殖したりしなかったりするという珍しい習性を持つが、これも優位種との縄張りをめぐる競合を抜きにして語れないだろう。逆に、先着種が劣位で後着種が優位の場合は、後着種の攻撃的な割り込みによって先着種は縄張りを奪われることになる。オーストラリアの森林において、優位なギンホオミツスイ（*Anthochaera chrysoptera*）の花蜜生産量の増加にともなう侵入によって、劣位なメジロキバネミツスイ（*Phylidonyris novaehollandiae*）の縄張りの数が減少するのは、この関係の例である[13]。

種間縄張りは、一般に、形態や行動の類似した近縁種が、垂直的な資源利用の分割の難しい単純な構造の環境を利用する場合に生じやすい。ミツスイのような花蜜食性の鳥では、花という平面的に分布する餌資源をめぐって競争するために、種間の縄張りはごく普通に見られる現象である。花蜜を盗み吸いに周辺から侵入する鳥を効率的に追い払うために、縄張りの主は周囲から蜜を吸っていくらしい。モズとアカモズが種間縄張りを作るパッチ上の林もまた、地面から餌をとることの多い両種にとっては二次元的環境だといえる。しかし、条件を満たさなくても、種間縄張りが生じる場合がある。たとえば、別の科に属する森林性のシジュウカラとアトリ（*Fringilla coelebs*）は、大陸では重複した縄張りを作るが、餌条件のきびしいスコットランド島においては互いに排他的な縄張りを作る。[14]

特殊な例であるが、種間縄張りが一対一の関係ではなくて一対多の関係すなわち、ある場所を独占して他のあらゆる種の侵入をその縄張りから排斥する鳥がいる。前章で紹介したオーストラリアのユーカリ林で共同繁殖をするスズミツスイはこの典型的な例である。北米のズアカキツツキ（*Melanerpes erythrocephalus*）はドングリを木の穴に保存する習性を持ち、その周辺をあらゆる鳥の侵入者から防衛する。[15]実験的にこれらの独占者を除去すると他の種類の鳥たちが入ってくることが確かめられている。スズミツスイは自ら飼育しているキジラミ牧場の、ズアカキツツキは自ら集めたドングリ貯蔵庫の番人として、それを他の鳥に奪われないように守っているというわけである。

種間縄張りの調査で注意しなければならないことは、ハビタット選好性の違いによって種間縄張りが一見形作られているように見える場合があることである。この可能性を否定するためには、縄張り内の植生や資源に種間で差がないことや年変化の追跡によって場所の選択に一定の傾向がないことが示されねばならない。最近とかく嫌われ者のわが国のカラス二種のうち、ハシブトガラス（*Corvus macrorhynchos*）は市街地の林で、ハシボソガラス（*C. corone*）は農耕地や河川敷の林で主に繁殖するが、京都市街地の下鴨神社周辺では両種が互いに隣接して重複しない縄張りを持つ（図4－5）。しかし相対的に見て、ハシブトガラスの縄張りは建物や道路を含む都市的環境に、ハシボソガラスの

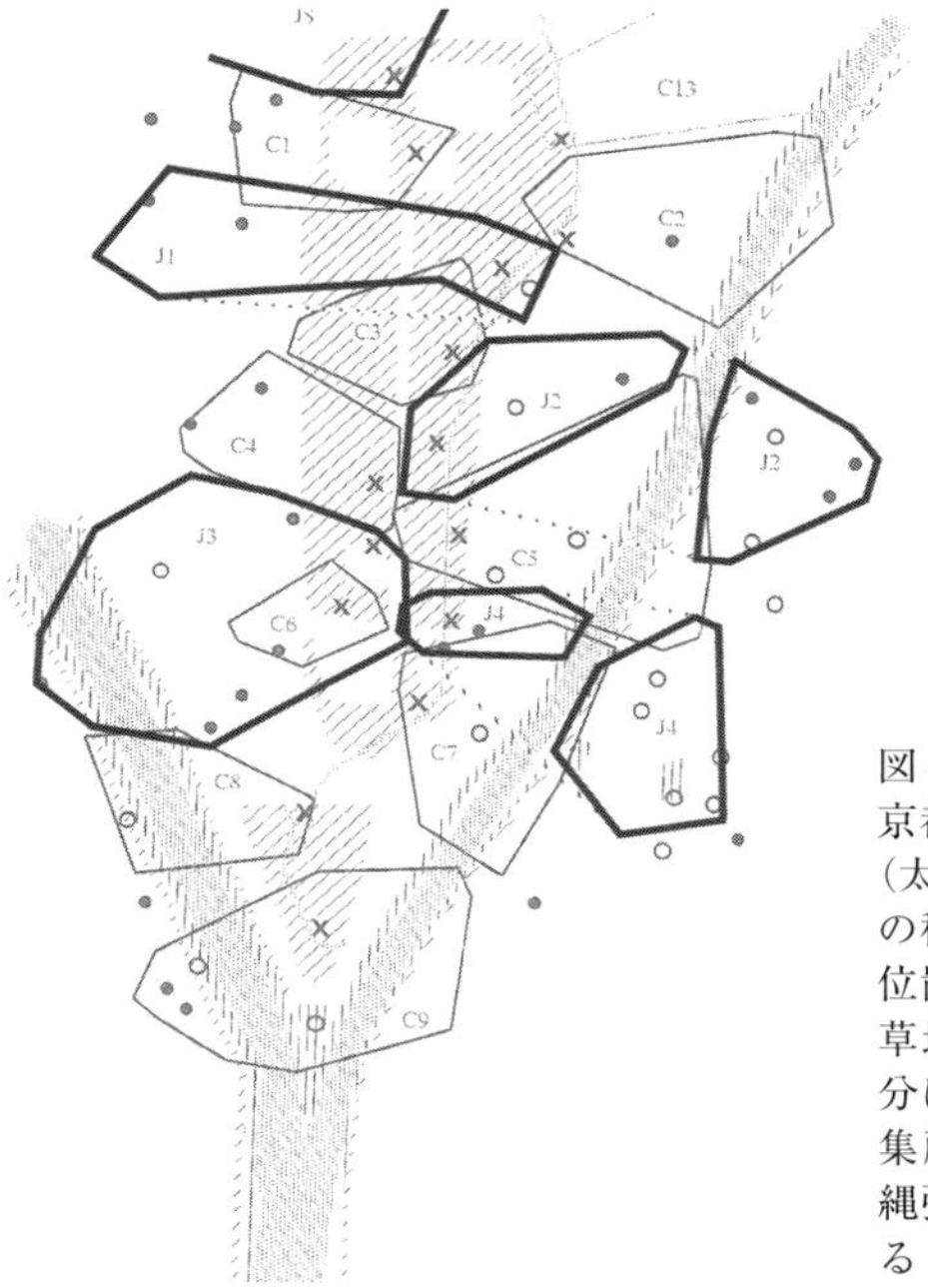

図 4-5
京都市下鴨神社周辺のハシブトガラス（太線：J）とハシボソガラス（細線：C）の種間縄張り分布。×印は両種の巣の位置を示す。網かけ部分は森林、河川、草地などの自然的環境、それ以外の部分は都市的環境である。黒丸はゴミ収集所の位置を示している。J2 と J4 の縄張りは川を挟んで両側に分かれている（Matsubara 2003 より）。

縄張りは林や河川敷を含む自然的環境に作られる。とくに、ゴミ収集所が含まれる場所では、ハシブトガラスが圧倒的に多い。どちらも留鳥のため、ハシボソガラスがハシブトガラスのいる都市的環境を避けて自然的環境をやむをえず利用しているのか、それともハシブトガラスの有無にかかわらず自然的環境を利用しているのかの区別がつかない。前者であれば種間縄張りといってよいが、後者であればそうはいえなくなる。これを確かめるにはハシブトガラスを取り除いてみるのがもっとも効果的であるが、相手もなかなかの知恵者であるため小鳥での実験のようにはうまくいくとは思われない。ただし、ハシボソガラスが地表に降りて葉や石などを嘴で動かしながら餌を探すのに対して、ハシブトガラスは上空から明らかに餌とわかるものを見つけて地表に降りてくるという餌の探索法の違いが、それぞれの営巣環境を反映していることだけは確かなようである。[16]

過去の競争の亡霊

巣場所や縄張りをめぐる競争は、資源を獲得できなかったものは繁殖できず、それにともなう個体数の減少や分布の変化が直接的な結果として現れるので理解しやすい。ところが、餌資源をめぐる競争の場合は、それにともなう採食場所の変化や採食効率の低下などが、必ずしも生存率や繁殖成功率の低下や繁殖密度の減少をもたらさない。その理由としては、一般に、種内競争のほうが種間競争よりも影響が大きいこと、繁殖期よりも非繁殖期のほうが餌条件がきびしくなること、巣場所のような餌以外の資源の影響がより重要になる場合も多いこと等があげられる。

北海道や大台ヶ原で著者が行った調査では、繁殖期のヒガラの採食行動において他のカラ類との競争の影響が示されたが、繁殖密度は年によってほぼ一定に保たれていた。[5] これは、繁殖密度が巣場所の数によって制限されているために、他種との相互作用による採食場所の変化や採食効率の低下があったとしても、それが繁殖成績に負の影響をおよぼすほどには餌量が少なくなかったのかもしれない。あるいは、巣立ちした雛の数の減少が冬期における同種個体の生存を逆に高めることになり、結果的に個体数の減少が生じなかった可能性もある。

ヨーロッパのシジュウカラとアオガラの調査では、繁殖期にも餌資源が制限され、種間競争によって繁殖成績に負の影響がもたらされることが知られている。小さなサイズの虫を好むアオガラは、シジュウカラが好む大きなサイズになるまでにイモムシをかなり食べてしまうので、シジュウカラが雛に充分な餌を与えることができない[17]。アオガラの繁殖成績はシジュウカラの影響を受けないことから、この餌をめぐる競争はアオガラに軍配があがる。ところが、前述したように、巣穴をめぐる競争ではアオガラよりもシジュウカラが優位であった。両者の関係のように、体の大きい種は場所をめぐる干渉型の競争については腕力の強さによって優位であるが、餌をめぐる消費型の競争においては体の小さな種のほうが高い探索能力によって優位になる場合が多い。このように、対象とする資源によって競争の勝敗が分かれるような場合には、どちらかがライバル種を排除するということは起こりにくく、共存する可能性が高まる。

このように異なる種の共存が種間競争の結果であることを実証するのは決して簡単なことではない。過去の激しい競争の結果共存できたもののみが、現在共存できているのだと考えることもできる。それはある程度は本当なのかもしれないが、それを実証することは永遠にできない。このような実証不能な「過去の競争の亡霊[18]」にとりつかれていては、種間競争のメカニズムはいつまでたっても解明されないばかりでなく、誤った解釈に陥る危険性さえある。とくに近縁種間の形態や分布の違いについては、その可能性が高い。たとえば、南ヨーロッパから中東にかけて分布する二種類のゴジュウカラ（*Sitta neumayer*；*S. tephronota*）や北米東岸の北から南にかけて分布する二種類のムシクイ（*Dendroica pinus*；*D. dominica*）では、単独生息域では同じ大きさの嘴を持っているのに、共存域では異なる大きさの嘴を持つ。このパターンはかつて種間競争による形質置換の例（すなわち、過去の競争の亡霊）だと解釈されてきたが、いまでは環境勾配にともなう形態の変化にすぎないとみなされている（図4-6[19]）。

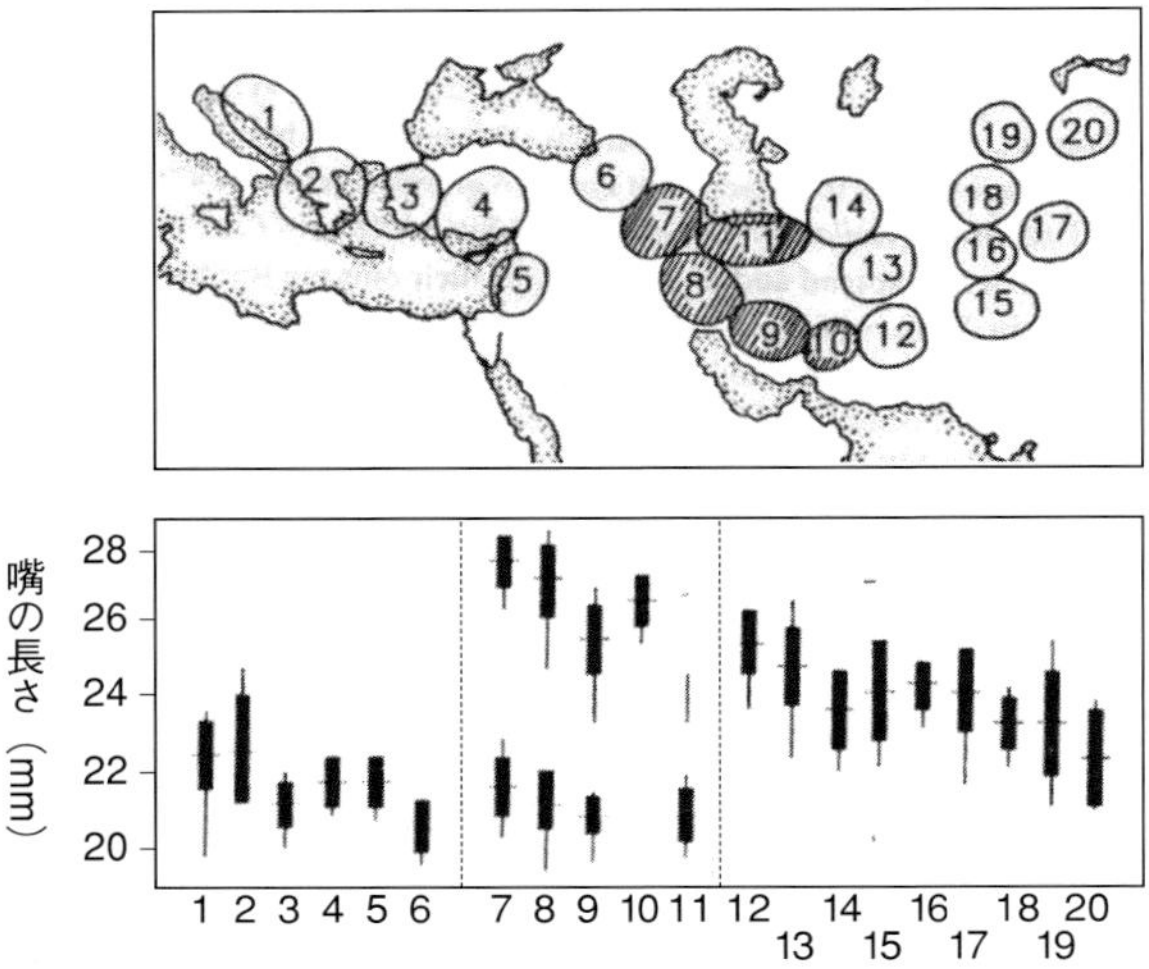

図 4-6　南ヨーロッパから中東にかけて分布する 2 種類のゴジュウカラの同所分布域（網かけあり）と異所分布域（網かけなし）における嘴の長さの変化。この同所域での形態の違いは種間競争による形質置換の例だと解釈されてきたが、環境勾配にともなう形態の変化によっても同じ現象が生じることがわかる（Grant 1975 と Wiens 1989 より）。

近縁種間の利用空間や個体数の違いばかりでなく形態や分布の違いを理解する場合においても、やはり資源の分布や動態にもとづく解析が重要である。ガラパゴス諸島には、ダーウィンに自然選択による進化を確信させることになったホオジロ科の鳥たちが生息している。その中の二種であるガラパゴスフィンチ（*Geospiza fortis*）とコガラパゴスフィンチ（*G. fuliginosa*）は、それぞれ単独で生息する島ではどちらももっとも豊富な種子のサイズを最適に利用できるように同じ大きさの太い嘴を持つ。ところが、共存する島では、体の小さい後者のフィンチの嘴が小さな種子を利用できるように細くなっていた[20]。このように餌資源の分布からの強力な裏付けがあれば、これらフィンチ二種の嘴の島間の違いが競争関係の結果であると主張しても疑う人はいないだろう。

4・2　托卵する鳥とされる鳥

子育てをまかせる鳥たち

万葉集の中に、子供であって子供でないことのたとえとして「ウグイスの卵の中のホトトギス」という言葉がある。こんな昔から人々の興味を引きつけた托卵という習性は、魚でわずかな例が知られてはいるものの、脊椎動物では鳥でほぼ特異的に発達した習性である。卵を他の種の鳥に預けるだけで自分では雛を育てるという仕事をなにもしないため、育児寄生ともよばれる。托卵の習性は世界各地のいろいろな分類群で独立に進化してきており、今現在、四つの目の五つの科に属する一〇〇種ちょうどの鳥で知られている。これらの鳥は分類学的な違いを反映して、生息場所や食性ばかりでなく托卵の方法や宿主との関係もさまざまである。[21]

わが国でもっともなじみ深いのは、カッコウ（*Cuculus canorus*）、ジュウイチ（*C. fugax*）、ツツドリ（*C. saturatus*）、ホトトギス（*C. poliocephalus*）の四種（口絵－4）が属するカッコウ科の鳥であろう。すべての種が托卵習性を持つわけではなく、旧世界（ユーラシア、アフリカ、オーストラリア各大陸の総称）では上記四種を含めて一〇八種中半分の五四種（カッコウ亜科のすべて）、新世界（北米、南米大陸）では三二種中三種（アメリカジカッコウ亜科の一部）が行う。前者は主に樹上性で明るい林から暗い林まで幅広く生息するが、後者は地上性で明るい林や林縁に生息する。どちらのカッコウも他の鳥がほとんど食べない毛虫を好んで食べる点で特異的である（前章参照）。

カンムリカッコウ類やオニカッコウ類などのいくつかの種類を除いて、孵化した雛が最初にやる仕事は、自分以外の卵や雛すなわち里親の子供を巣から排除することであるが、その方法が大陸間で違っている。旧世界のカッコウの雛はひと足早く孵化すると、特徴的な背中のくぼみに自分以外の卵を一個ずつのせて巣外に放り出すのに対して、新世界のカッコウは、雛の時期だけにできる鉤状の嘴で里親の卵や雛を刺し殺してしまうのである。あらかじめプログラムされた生得的行動であるとはいえ、生まれたばかりの雛がとる行動としては、なんと残忍な重労働を背負わされていることであろうか。一人っ子となったカッコウの雛は里親の運んでくる餌を独り占めして、やがてその親の数倍もの大きさにまで成長する（図4－7）。そうなっても巣立ちするまでにはまだ里親から餌をもらい続ける必要があるのだが、両者の表面的な関係だけを見ていると、成人しても親に寄生するパラサイトシングルを彷彿させるおかしみがある。

ミツオシエ類は森林性の鳥で、アフリカに一五種、アジアに二種が生息する。そのうちノドグロミツオシエ（*Indicator indicator*）とウロコミツオシエ（*I. variegatus*）の二種は、「蜜教え」の名の通りミツアナグマや人間をミツバチの巣に導く。そうして食べ残された巣の蝋質とハチの幼虫を食べるのだ。蝋質を食べることができる鳥は、世界でもミツオシエ類だけで、特別の腸内細菌や酵素によってそれを可能にしているらしい。キツツキの仲間だけあって、ほとんどの種が樹洞や土穴に営巣する鳥に托卵する。この鳥もまた、アメリカジカッコウ類と同様に、雛が鉤状の嘴で里親の子供を殺して巣を独占する。系統の違いにもかかわらず、托卵という同じ目的のために同じ武器が進化するとは、なんと興味深いことであろうか。

図4-7　里親のオオヨシキリに給餌してもらうカッコウの雛（写真提供：内田博氏）

托卵習性を持つスズメ目の二つの科の鳥たちは、巣を独占するということはせずに里親の雛たちと一緒に育てられる。ハタオリドリ科の托卵者は、テンニンチョウ類一九種とカッコウハタオリ（*Anomalospiza imberbis*）で、いずれもアフリカの草原もしくは明るい林に生息する。他の托卵性の鳥のほとんどが昆虫食であるのに対して、これらの鳥は種子食であるという点で特徴的である。テンニンチョウ類の鳥たちは、非常に近縁なカエデチョウ科の鳥たちを宿主とするが、カッコウハタオリはヒタキ科の鳥たちを宿主とする。

ムクドリモドキ科の托卵者は、コウウチョウ類という新世界に生息する鳥たちである。六種いるコウウチョウのうち托卵の習性を持つのは五種である。残りの一種であるクリバネコウウチョウ（*Molothrus badius*）は、自分では巣を作らず他の種の鳥が使用中あるいは使用済みの巣を拝借はするものの、抱卵・育雛は自分で行う。このコウウチョウの巣に専門的に托卵するのがナキコウウチョウ（*M. rufoaxillaris*）である。泥棒の家に泥棒が入るようなもので、昆虫の世界では寄生者に寄生する「重寄生」として知られている現象と同じである。オオコウウチョウ（*Scaphidura oryzivora*）は、同じムクドリモドキ科で木の枝に巣をつり下げて繁殖コロニーを作るオオツリスドリ類やツリスドリ類の鳥に専門的に托卵する。この専門的托卵者二種に対して、他の三種の托卵は、それぞれの生息域のさまざまな種に対して手当たり次第に行われる。すなわち、コウウチョウ（*M. ater*）は北米で二〇〇種以上、クロコウウチョウ（*M. aeneus*）は中米で約七〇種、テリバネコウウチョウ（*M. bonariensis*）は南米で二〇〇種以上という具合である。コウウチョウ類はいずれも明るい林や林縁に生息して主に昆虫を食べる。

預ける者の作戦

托卵者がまずすべきことは、卵を埋め込む巣を見つけることである[22]。宿主の巣作りの段階から親鳥の行動を観察することで巣のありかを見つけるらしい。これは、私たちが鳥の繁殖の調査をするときと同じ方法で、巣を直接探し回るよりもずっと効率的に違いない。いったん巣を見つけたら、卵を埋め込むタイミングを計らなければならない。早すぎると巣を放棄されたり、卵が捨てられたり、巣材の下に埋められてしまい、逆に遅すぎると、巣を独占できないどころか、里親の雛との競争に負けてしまう危険性があるからである。もっとも良いのは産卵期である。タイミングがよしとなれば、親鳥のいないすきに一瞬の早業で卵を一個ないし数個を埋め込む。宿主は托卵者を識別して攻撃をしかけるため、それを逆手にとって雄が巣から宿主をおびき出し、そのすきに雌が産卵するという共同作戦を採ることもある。卵を産み落とす前に宿主の卵を一個ないし数個抜き取ることも忘れない。宿主は卵の数が数個増えても気にしないことから、この数合わせは産卵時よりも孵化後に効果があるらしい。とくに孵化後に他の雛を排除しない共存型では、雛が多いと餌が充分にもらえない危険性がある。

托卵者が預ける卵はまず、卵の殻が固くなければならない。托卵者は巣にすわらずに縁にとまって産み落とすので、その際に卵が割れないようにする効果や、宿主に仮に気付かれても簡単に壊されない効果があるのだろう。また、卵の大きさは宿主の卵より少しだけ大きくなければならない。あまり大きすぎると見やぶられてしまうが、少しくらい大きいと受け入れるばかりか、逆に気に入られて積極的に温めてもらえるのである。さらに、卵の中の雛は成長が早く孵化が早くなければならない。そうすることで、巣独占型では卵や雛を排除できるし、共存型では里親から運ばれる餌を他の雛よりもたくさんもらうことができる。カッコウ類の卵の中の雛の成長が早いのは、雌の卵管にあるときにすでに胚の発達がはじまるためであることがわかっている。

托卵者の作戦でもっとも興味深いのが、卵の色や模様を宿主の卵に似せた擬態卵を産むことである[22]（口絵－4）。そうすることで宿主に気付かれないようにするわけであるが、すべての托卵者が擬態卵を産むわけではない。カッコウ類は非常に洗練された擬態卵を産むことで有名である。たとえばわが国の森林では、ホトトギスはウグイス（*Cettia diphone*）に赤茶色の卵、ジュウイチはオオルリやコルリ（*Luscinia cyane*）やルリビタキ（*Tarsiger cyanurus*）に淡青色の卵、ツツドリはメボソムシクイ（*Phylloscopus borealis*）やセンダイムシクイ（*P. coronatus*）に白地に褐色の小斑がある卵というように、托卵する相手の種類に応じて卵の色や模様がそれぞれに違う。カッコウは明るい林や草原に生息する鳥であるモズ、ホオジロ（*Emberiza cioides*）、オオヨシキリ（*Acrocephalus arundinaceus*)、オナガ（*Cyanopica cyana*）などに托卵し、森林性の上記三種に比べて托卵相手の幅が広い。ただし、個体ごとには托卵相手が決まっており、その種類に応じて卵の色や模様が違っている。このようにカッコウの仲間四種が托卵対象となる鳥をそれぞれに違えて共存しているのは、餌などの資源と同様に、それをめぐって種間が競合した結果であると考えられる。それは、ホトトギスが生息しない北海道の中央部や北部においては、ツツドリがウグイスに対して、赤茶色でしかも本州ムシクイ類に預けている卵よりも大きい卵を預けることからも裏付けられる。[22] このように独占型の托卵者が卵を似せるのに対して、共存型のカンムリカッコウ類やオニカッコウ類では、雛の羽色や鳴き声を宿主の雛に似せている。

ミツオシエ類とテンニンチョウ類は、そのほとんどが宿主と同じ白い卵を産むが、これは他の理由で説明できるため擬態を進化させているとは考えられない。[21] なぜならば、ミツオシエ類の主な托卵相手となる樹洞営巣性の鳥の卵はカムフラージュする必要がないので、そのほとんどが白色であり、またテンニンチョウ類の托卵相手であるカエデチョウ科の鳥は非常に近縁であり、白い卵はこの系統の共通の特徴と考えられるからである。テンニンチョウ類の雛の口の色と口の中の斑点の模様も宿主のそれにそっくりで、これもかつては擬態だと考えられていたが、これも系統的なものと考えたほうが妥当であろう。ただし、系統的には白い卵を産むはずのカッコウハタオリは擬態卵を産むが、口の模様は擬態しない。

托卵性のコウウチョウ類には、専門的宿主を持つタイプと手当たり次第に托卵するタイプがあることはすでに述べたが、擬態卵が必要になるのは前者である。しかしながら、同じコウウチョウの仲間に托卵するナキコウウチョウの卵は、テンニンチョウ類と同じ理由で擬態卵とはいえない。したがって、コウウチョウのうち擬態卵を進化させているのは、オオコウウチョウのみである。手当たり次第型のコウウチョウでは、擬態卵は産まずに、托卵の成功率よりも数で勝負する。すなわち、カッコウ類の一シーズンの托卵数が二〇個以下であるのに対して、クロコウウチョウでは四〇個以上、コウウチョウにいたっては一〇〇個以上というから驚きである。

預けられる者の反撃

卵を預けられた鳥にとって、托卵は「百害あって一利なし」のなにものでもない。とくに托卵者の雛に巣が独占されるタイプでは、自分の雛をすべて殺されたうえに、自分以外の子供を育てるはめになるのだから影響が大きい。托卵者の雛と宿主の雛が共存するタイプでさえ、前者のほうが餌をめぐる競争で有利なために、コウウチョウ類の宿主の雛の何割かは巣立ちにいたらず、カッコウハタオリの宿主にいたっては全滅するらしい。テンニンチョウ類に托卵されるカエデチョウ類では、托卵の影響が小さいことが知られているが、それでも産卵時には卵を抜き取られているのだから、托卵されないにこしたことはないのだ。

それでは、宿主となる鳥は托卵に対してどのような対抗手段をとっているのだろうか。托卵者に対する宿主の攻撃はよく見られる行動である。ツリスドリ類のようにコロニーを作っていて集団で攻撃すれば効果的であろうが、そうでない場合はあまり効果的とはいえそうにない。むしろ逆に、托卵する側に対して巣のありかを発見する手だてや卵を埋め込むすきを与えてしまう。托卵する側が産卵のタイミングを間違えば、巣の放棄や卵の除去によって対抗できるので、手当たり次第型のコウウチョウに対してはこの作戦が有効になることもあるらしい。しかし、カッコウのような専属型では産卵のタイミングも慎重に計られるため、たいがいは攻撃行動もむなしく卵を産み込まれてしまう。

託卵への対抗手段としてもっとも効果的なのは、自分の卵と違うものを識別して取り除くことである。それならば、仮に産み込まれても対応可能である。宿主がこの卵識別能力を発達させることで、托卵する側もまた見やぶられないように宿主の卵により似た卵を作り出すという相互のせめぎ合い（すなわち共進化）の結果、宿主の卵にそっくりな擬態卵が生み出されてきたのである。逆にいえば、鳥の種類や托卵の歴史の長さに応じて異なる卵識別能力によって、擬態卵のそっくり度も違うことが予想される。ツツドリが本州でセンダイムシクイに預ける卵はあまり似ていないのに対して、北海道でウグイスに預ける卵がそっくりなのは、宿主間の卵識別能力の違いだと考えられる[22]。

長野県ではこの三〇年の間に、まさにこの托卵者と宿主の共進化のドラマが繰り広げられてきた[23]。一九七〇年代半ばにカッコウにはじめて托卵されたオナガはまだどのような対抗行動も持っていなかった。そのため、模様がまったく似ていないにもかかわらず、最大時にはオナガの巣の七〇〜八〇パーセントがカッコウに托卵された。そのような状況が続くと、オナガの数が激減して巣の数が足りなくなり、異なるカッコウによる一つの巣への重複托卵が増えるようになる。世界でも前例のない五重托卵が記録されるまでにもなったが、一つの巣で巣立つことのできるカッコウの雛は一羽のみであるから、結局カッコウの托卵成功率も低下することになる。その上、オナガのほうも卵の識別能力を発達させて、托卵されたカッコウ卵の却下率は一五年後には三五パーセント、現在では七〇パーセントにまで増加させた。その結果、現在では托卵率も三〇パーセント以下にまで減少している。共進化のドラマは、通常であれば、このあとカッコウがオナガの卵に似た卵を発達させていくはずであるが、日本の場合は少しシナリオが違っているようである。

というのも、日本のカッコウの擬態卵はヨーロッパのものほど似ていないのである。また、日本のカッコウによる托卵率（二〇パーセント以上）はヨーロッパのもの（一〇パーセント以下）よりもかなり高い。この違いは、両地域のカッコウの宿主に対する粘着性が関係しているようである[23]。日本のカッコウは、それまでの托卵相手が卵識別能力を発達させてくると、長野県の三〇年前のオナガのような托卵未経験の種へと乗り換える傾向が強い。それに対して、ヨーロッパのカッコウは一つの托卵相手に固執するので、宿主との共進化によって洗練化した擬態卵が生じ、低い托卵率で安定に共存できるのだと考えられる。長野県においては、かつてホオジロが主要な托卵相手であったらしいが、今ではまったく托卵されていない。また、琵琶湖岸におけるオオヨシキリも同様である。その理由は、これらの鳥が托卵に対抗するために一〇〇パーセント近い識別能力を発達させたためだと考えられている。もし、ヨーロッパのカッコウであれば、長野県ではホオジロの擬態卵を、琵琶湖岸ではオオヨシキリの擬態卵を進化させて、いまも托卵し続けているのであろう。わが国の森林環境における托卵者ホトトギス、ジュウイチ、ツツドリは、擬態の精度が高く托卵率は低いので、ヨーロッパのカッコウと同じタイプだといってもよいだろう。

手当たり次第型のコウウチョウに托卵される宿主は、卵識別能力が高くて托卵を拒否する種と卵識別能力が低くて托卵を受け入れる種の両極端のタイプに別れることが知られている[24]。コウウチョウの托卵は共存型のため、カッコウの托卵のように「全か無か」ではなく、宿主の何割かは生き残ることができる。手当たり次第型のコウウチョウの卵は擬態していないため、宿主の鳥の多くは托卵されていることに気付いている可能性が高い。問題はそのままコウウチョウの卵を受け入れて失うコストと、その卵を巣外に放り出したり、巣材でおおいその上に卵を産み直したり、巣を作り直したりするコストを、天秤にかけてどちらが得かを考える必要がある。後者の場合は、再度托卵される確率も考慮しなければいけない。コウウチョウの卵は堅いので、それを排除することは体の小さな鳥にとっては重労働で、その作業中に自分の卵を壊してしまうこともあるようだ。そのため、一般的な傾向としては、小さな鳥は托卵を受け入れ、大きな鳥は托卵を拒否するらしい。

オオコウウチョウとその専門的宿主であるツリスドリ類やオオツリスドリ類との関係はもっと複雑である。[25] 宿主となるこれらの鳥は、狩りバチの巣の近くに繁殖コロニーを作ることが多い。なぜならば、これらの鳥の雛にとって最大の死亡要因は体外寄生性のハエの幼虫なのであるが、産卵に来るそのハエの成虫を狩りバチが追い払ってくれるからである。ところが、狩りバチの巣の近くに営巣できなかったツリスドリ類にとっては、オオコウウチョウによる托卵はまさに「渡りに船」である。なぜならば、このよそ者の雛は自分の雛の体からハエの幼虫をついばんで食べてくれるからである。そのため、托卵にともなういくらかの損失はあっても、それを上回る利益がこの効果にはあるのだろう。ただし、ツリスドリ類が托卵を許容するのは、狩りバチの巣が近くにない場合という限定条件付きである。そうでない場合は、オオコウウチョウに対して攻撃的であり、産みつけられた卵も見やぶって巣外に放り出してしまう。

こうして見てくると、カッコウの托卵も、生半可なやり方では成功しないことがわかる。そればかりか、親も子供もお互いに顔も知らずに一生涯すごさなければならないのには同情したくもなってくる。托卵の習性がいろいろな分類群で独立に生じてきたということは、きっとそれが旨味のある繁殖方法であることには違いない。とはいえ、鳥全体の種数のわずか一パーセント程度にしか見られないということは、そうとばかりはいえない苦味もかなり強いのだろう。

4・3　食う鳥と食われる鳥

食う鳥たちの作戦

食う鳥の代表は、猛禽類とよばれるワシタカ類とフクロウ類で、両者間で主要な活動時間帯を昼と夜に分けている。ともに世界各地に分布し、ワシタカ類は四科約三〇〇種、フクロウ類は二科約一五〇種が知られている。食性は小鳥をはじめとして、哺乳類、爬虫類、両生類、魚類、昆虫類などあらゆる動物を食べ、生態系の食物連鎖においてもっとも高い地位を占める。フクロウ類のほとんどは森林性であるが、ワシタカ類は種によってさまざまに異なる環境に生息している。森林以外の開けた場所で活動する猛禽類は飛翔探索型で、獲物を見つけるやいなや急降下で襲うという方法で餌をとるのに対して、森林内で活動する猛禽類の多くは待ち伏せ型で、木の枝にとまってひっそりと獲物が通過するのを待ち、機を逃さずに襲撃をする。獲物を襲うときは、その頑丈な脚を前方に伸ばして鋭い鉤爪のついた足指で握りつぶし息の根をとめる。そのあと、ワシタカ類は鉤状の嘴で獲物の肉を引きちぎって食べるが、フクロウ類は丸飲みして骨や毛などの不消化物はペリットとして吐き出す。

鳥を主食とする猛禽類でわが国の森林に繁殖するのは、オオタカ（*Accipiter gentilis*）、ハイタカ

（*A. nisus*）、ツミ（*A. gularis*）の近縁な三種である。体の違いに応じて、オオタカはハトサイズの中型からヤマドリサイズの大型の鳥、ハイタカはスズメサイズの小型から中型の鳥、ツミは小型の鳥というふうに、主に捕らえる餌を違えている。獲物を追いかけるときに入り組んだ樹冠を巧みにくぐり抜けながら飛ぶことができるように、翼は丸くて短い。この特徴は、開けた場所で時速二〇〇キロメートルを超えるスピードで獲物を撃墜するハヤブサ類の幅広で長く先端のとがった翼とは明らかに違う。オオタカよりもさらにひと回り体が大きくて標高の高い森林に生息するクマタカ（*Spizaetus nipalensis*）は大型の鳥だけでなく中型の哺乳類も主要な餌であり、待ち伏せ型と飛翔探索型の両方のやり方で餌を捕らえる。

わが国の夜の猛禽であるフクロウ（*Strix uralensis*）は、地上で活動する夜行性のネズミ類が主食であるが、その個体数が少ない年や地域では小鳥を捕らえる割合が高くなる。体の大きさの割に顔が大きくずんぐりとしていて両目が人間のように前についている姿がデフォルメしやすいのか、国内外どこの土産物屋さんにもフクロウの置物が売られている（図4－8）。この顔の作りと体型こそがフクロウの暗闇での効率的な狩りを可能にしている。ハート形をした顔面には何層も重なった襟状の羽毛が生えており、これが獲物の出す音を効果的に耳に送り込む集音機のような役割をはたしている。耳の穴は大きくその大きさと位置が左右で異なるため、どんな小さな物音でも両耳に到達する音の時間差と強度差によって、その音の発生源の位置を正確に知ることができる。さらに両眼が前方についていることで人間と同じように立体視できる範囲が広く、正確に狙った獲物を捕らえることができるのである。おまけに、翼の裏に密生した柔らかい羽毛によって音を出さずに飛ぶことができ、獲物を

図 4-8　国内外の各地で土産物として売られているフクロウの置物

不意打ちする。

ほとんどの鳥では雄が雌よりも体が大きいのに対して、ワシタカ類とフクロウ類では雌が雄よりも体が大きいという特徴がある。その雌雄差は動きが俊敏で捕まえるのが難しい小鳥を獲物とする猛禽で最大で、ハイタカ類では体重差で二倍近くになる。この体の大きさの違いは獲物を雌雄で分けるのに役立っており、ハイタカの場合、雄は小型のカラ類やムシクイ類などを、雌は中型のツグミ類やムクドリ類を主に捕らえる。最近では餌となる動物が少なくなってきた影響で雌雄で餌を分ける必要性がさらに高まってきたのか、体の大きさの雌雄差がますます大きくなっているらしいことが、オオタカで報告されている。[26] しかし、なぜ猛禽類に限って雌が雄よりも大きい「ノミの夫婦」になるのだろうか。雛が小さいうちは雌が抱雛に専念しても、雄の運ぶ小さな餌でまかないきれるが、雛が大きくなるにつれて、雌も巣を離れて大きな餌を運ぶようになるのだというもっともらしい説明もあるが、真相は明らかにされてきていない。

カップ状の巣を作る鳥の卵や雛は、ハシブトガラスやカケスといったカラス類の鳥たちばかりでなく、多くの哺乳類や爬虫類の格好の餌食となる。それに比べて、樹洞営巣は鳥による巣内捕食の心配がなく比較的安全そうな場所に見えるが、ヨーロッパでは必ずしもそうではない。なぜならば、キツツキ類（とくにアカゲラ）が重要な巣内捕食者となるからである。ヨーロッパでは樹洞営巣性のカラ類の営巣失敗のほとんどは、キツツキ類による雛の捕食が原因らしい。キツツキは雛のいる巣穴を見つけると、頭が入る程度にまで穴を広げて雛を取り出し、それを自分の巣に持ち帰って雛に給餌するのだという。とくに巣箱を利用する鳥が狙われ、野外では枯れ木に自分で穴をあけるコガラの巣が狙われるらしい。しかしながら、日本ではキツツキによる巣内捕食の行動は知られていない。人間と同様に、ヨーロッパのキツツキのほうが肉食性が強いのだろうか。

食われる鳥たちの反撃

前章で紹介したように、小鳥の捕食を回避する昆虫たちの作戦として隠蔽的あるいは警告的擬態があったが、猛禽の捕食に対する小鳥たちの作戦にも同じようなものがある。[27] 地表で活動するキジ類やヨタカ（*Caprimulgus indicus*）が茶色を主体にした迷彩的な羽を持つのは、隠蔽の役割をはたしていると考えられる。高山帯に棲むライチョウ（*Lagopus mutus*）が冬に真っ白い衣装に着替えると、雪景色に溶け込んでなかなか見つけづらくなる。湿地に生息するヨシゴイ（*Ixobrychus sinensis*）やサンカノゴイ（*Botaurus stellaris*）のヨシに似せたカムフラージュも見事である。

鳥の警告的擬態については、昆虫ほどは研究が進んでいない。擬態が進化するには、有毒もしくは味のまずいモデルとなる種類が必要である。ニューギニアに広く生息するモリモズ類三種の皮膚や羽毛に毒素があることが報告されたのは一九九〇年代に入ってのことである。現地の住民たちは、毒があることを昔から知っており、決してこれらの鳥を捕って食べることはなかったらしい。ズグロモリモズ（*Pitohui dichrous*）の皮膚一〇ミリグラムをマウスに与えたところ二〇分足らずで死んでしまったという毒性試験からも明らかなように、猛禽のような天敵の捕食に対して防御効果があることは間違いないだろう。興味深いのは、この三種が外見的によく似ていることである。これは、有毒の生物が捕食者への警告のために互いに似るミュラー型擬態の例かもしれない。さらに興味深いのは、この鳥を含む混群には、モリモズ類と同じ黒や茶色をした鳥が多く含まれることである。これは、毒を持たない他の種がベーツ型擬態をしている可能性もある。

黒い色の鳥はまずいというのが定説だ。韓国の町の中では、カササギ（*Pica pica*）はあちらこちらに見ることができるが、日本にあれだけいるカラスがほとんどいない。これは、カラスの肉がかつて漢方薬（精力剤）として重宝されて捕られすぎたためらしい。しかしながら、「良薬口に苦し」というように、カラスの肉は決しておいしいわけではなく、匂いも線香くさいらしい。同じように、熱帯域の黒い鳥の代表であるオウチュウ類もまずいようで、その死体には、スズメバチや猫などでさえ寄りつかないそうだ（図4-9）。興味深いのは、東南アジアからニューギニアにかけて、全身真っ黒のモズ類やサビイロヒタキ類が数多く生息することである。このような擬態が、ミュラー型かベーツ

図 4-9　味がまずいとされる黒い鳥マダガスカルオウチュウ

型かはわかっていないが、捕食圧の高い熱帯域において黒い羽色を持つことは捕食回避に効果があるのではないかと考えられている。このオウチュウ類もまた、前述したモリモズ類を含む混群に頻繁に参加する。

昔から擬態の可能性のある鳥として知られていたのが、アフリカの東部と西部でそれぞれ互いによく似た外見を持つアリクイツグミ類二種とサビイロヒタキ類二種の関係である。前者はアリを食べるために蟻酸によってまずくて臭いらしく、後者はそれに擬態しているのではないかと考えられてきた。アリを主食とするクマゲラが真っ黒なのも、自らまずいことを宣伝しているのだろうか。同じくアリを主食とするアリスイはヘビに擬態しているとされているが、味の悪さを色そのものではなく外見の気味悪さで宣伝しているのかもしれない。鳥の擬態については、昆虫の擬態ほど実証的に調べられておらず、現在のところお話しの域を出てはいないが、いろいろと興味深い謎が秘められていそうである。

鳥の捕食者回避は、単独よりも群れでいることで効果を発揮するものが多い。冬にカラ類やキツツキ類からなる混群（次章参照）のあとを追いかけていると、「ツー」と一秒にも満たない高くて消え入るような声がどこからか聞こえるやいなや、それまで忙しく動き回っていた鳥たちがみなパタッと硬直して身動きしなくなることがある。そんなとき上空には決まって猛禽が通過するのを見ることができる。この声は第一発見者が「猛禽が来たぞ」と周囲に知らせる警戒声という小鳥たちの共通語である。一見、自分を犠牲にして仲間を守るという、人間の世界であれば美談として語られそうな行動であるが、彼らが出す約七キロヘルツの音声は聴くものにとって、発信者の場所がもっとも特定しにくい周波数らしい。そうであれば、できるだけたくさんの個体が共通の警戒声を持っていたほうが効率的なので、多くの種が同じ信号を用いているのだと考えられる。いつ誰が捕食者の第一発見者となるとは限らないからである。「情けは他人のためならず」という言葉があるように、警戒声を出した個体がいつかはめぐりめぐって他の種の個体に助けられることがあるに違いない。多少の危険はあっても、それを上回る利益が結果的に得られるから、このような行動が進化してきたのであろう。ところが、中には「オオカミと少年」に出てくる羊飼いの少年のように、この警戒声を利用してだまそうとする者もいるというからおもしろい。たとえば、人為的に設けられた餌場を陣取って食べている体の大きな鳥に対して、体の小さな鳥が「偽の警戒声」を出すことで意図的に邪魔者を追い払って餌場を独り占めするということがあるらしい[28]。しかし、このようなだましのテクニックも、常時やっていてはお話しのようにいつかは信じてもらえなくなるので、たまにやるのが成功の秘訣らしい。

いざ襲われた場合にも、藪に逃げ込んだり小回りを利かせてジグザグ飛行をすることで難を逃れる可能性も残っている。逆に、あらかじめ捕食者の存在に気付いている場合には、モッビングとよばれる行動によって、捕食者に対して積極的に攻撃に出ることがある。とはいっても、「寄り集まってやじる」という意味の単語が使われているように、これは実際に攻撃するわけではなく、捕食者の回りである一定の距離をおいて騒ぎ立てる行動である。一種の複数個体で行うこともあれば複数種の個体が行うこともあり、「ブッブッブッブッ」と大きくて耳障りな短くて低い音を繰り返す。警戒声とは逆に、自分の場所を捕食者が定位しやすい音であり、種ごとに違った構造の音を発する。隠れていればよいものを、自ら捕食者に身をさらして近付いていくわけであるから、なにか特別な意味があるに違いない。ハイタカなどの待ち伏せ型の捕食者に対しては、存在に気付いていることを先制攻撃によって知らせることで襲われる危険性を減らす、あるいは追い払うという機能があると説明されることもある。しかし、逆に猛禽にこの行動を利用されて急襲されることも多いようだ。昼間枝の上であまり動かないフクロウや地上を這い回るヘビのように、攻撃をしてもあまり効果のなさそうな捕食者に対してさえ、小鳥がモッビングしている光景もよく見かける。このような例を見ると、捕食者に対する直接的な回避行動というよりは、経験の少ない若鳥に親鳥が多少の危険覚悟で潜在的な捕食者を教えているのだとする「文化伝達」説[29]のほうが的を射た説明であるような気がする。

捕食者に対して自ら身をさらす鳥の行動としては、他に「擬傷」という行動がある。これは、捕食者が抱卵あるいは育雛中の巣に近付いてきたのを察知すると、親鳥が翼に傷を負ったように見せながら捕食者の注意を引きつけて巣から遠ざけるという行動である。森林では、地上や藪に営巣するキジ類やホオジロ類で見られる。翼を半開きにして震わせながら引きずるようにして地表を歩き回る演技はなかなかのものである。捕食者を巣からある程度の距離まで遠ざけたところで、何事もなかったように旋回してまた巣に戻るのである。この行動は、おそらくイタチやキツネなどの地上性の哺乳類の捕食を避けるものであり、猛禽類の捕食に対してはあまり意味はなさそうである。北海道の森林で鳥の個体数調査をしているときに、センサスルートの近くにエゾライチョウ（*Tetrastes bonasia*）の巣があったらしく、そこを通るたびに擬傷のパフォーマンスを披露してくれた親鳥には本当に申し訳ないことをしたと思っている。

5章
森の鳥たちの誘因関係

5・1　競い合う鳥たちの群れ

混群内の配役

わが国の森林に一年中生息する留鳥とよばれる鳥たちの多くは、春から夏にかけての繁殖という大仕事を終えると、次第に群れを作って行動するようになる。そんな鳥たちの顔ぶれをよく見てみると、異なる種類の鳥たちで構成されることも多い。混群とよばれる群れで、シジュウカラ類の鳥たちを中心に、エナガ（*Aegithalos caudatus*）、ゴジュウカラ、キバシリ、キツツキ類も混じっている（図5‐1）。冬の森でこの一団に出会うと、それまで静まりかえっていた世界が急に生き返ったようににぎやかになる。ひっついたり離れたり、飛びかかったり逃げたりという、繁殖期にはあまり見られなかった鳥たちの間での直接的な相互作用が目の前で頻繁に展開されるので、その観劇だけでも寒さを忘れて充分に楽しむことができる。

ところが、シジュウカラ類の鳥どうしのように、外見や行動のよく似た近縁な鳥たちは互いに同じ資源をめぐって競合関係にあることを、前章で述べた。それは目に見えるコンタクトとしては現れなくても、たとえば利用空間の分割などの結果として現れた。しかしながら、これらの鳥が群れで一緒に行動するということは、互いに誘因関係によって結ばれていることを意味している。空間を分割するどころか同じ空間を利用してさえいる。この異なる種の間の敵対と誘因という相反する相互作用が絡み合って作られる混群は、それぞれの種の鳥にとってどのような意味を持つのだろうか。

混群は、森林に生息する鳥だけでなく草原性の鳥、渉禽類、海鳥などでも普通に見られる行動である。また、鳥だけでなく、珊瑚礁の魚、熱帯林のサル、サバンナの草食有蹄類なども混群を作る。混群という集合体は、異なる種がただ漫然と集まってできるわけではない。なんらかの利益を得るために、ある種の個体が別の種の個体を追従するという関係のつながりでできていると考えるべきである。したがって、他の種を誘引する働きをする先行種と他の個体のあとをついて回る追従種は、混群の中でももっとも重要ともいえる役柄の一つである。混群の構成種は大まかに三タイプに分類できる。混群形成に欠かすことのできない中核種と、それに誘引されて不規則的に加わる随伴種にまず分けられ、中核種はさらに、他種に積極的に追従する能動的中核種と、それらを誘引する役割をはたす受動的中核種に分けられる。大まかにいえば、混群はある程度のまとまりを持ちながら、受動的中核種、能動的中核種、随伴種の順に移動する群れだといってもよい（図5－2）。

受動的中核種と能動的中核種は、鳥の種構成によって変化し、同じ種であっても受動的になる場合もあれば能動的になる場合もある。受動的中核種となる傾向の強い種は、同種だけで自己充足的な大きな群れを作る性質を持つ種である。わが国の本土で見られる混群では、エナガがその典型的な鳥である。一〇羽くらいの群れで「ジュルリッ・ジュルリッ」というコンタクトコール（つながりを保つために発する声）を個体間で絶えず呼び返しながら統制を保って移動しており、それが他の種を誘引するのである。しかし、エナガは広い行動圏を持つことが多いため、追従種の行動圏からいなくなることが一日に何度もある。ヒガラはエナガがいるときには能動的中核種としてそれに追従するが、いないときには受動的中核種となる。エナガもヒガラもいない場合には、コガラやハシブトガラがその役回りとなるという具合である。つねに能動的中核種として混群に加わるのはシジュウカラとゴジ

図 5-1　秋から冬にかけて国内の森林で見られる鳥の混群（イラスト：森上義孝氏、朝日新聞社『動物たちの地球』より転載）

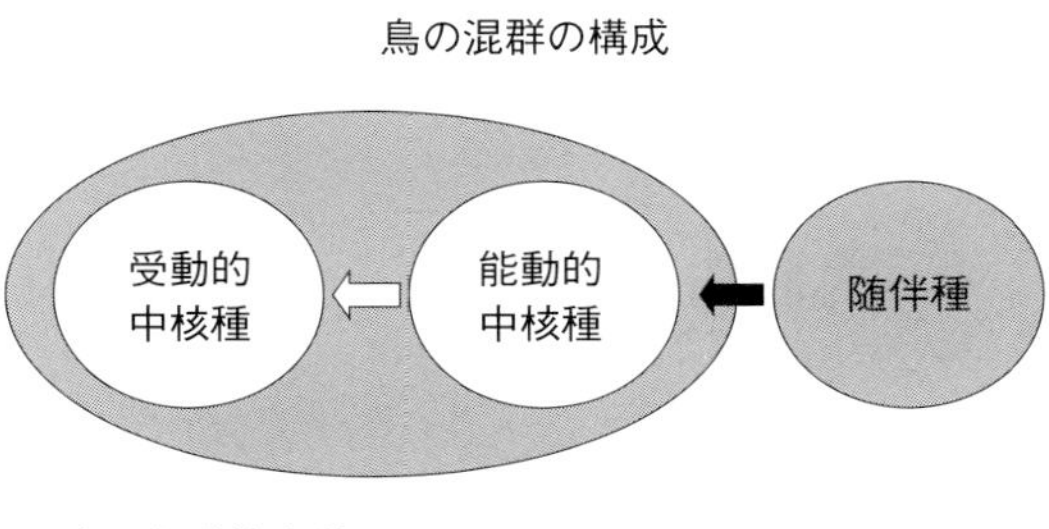

図 5-2　鳥の混群構成種の 3 つのタイプ

ュウカラである。とくにシジュウカラは北から南までのほとんどの林で見られ、絶えず他の種のあとをついて回っている。この鳥がいることによってわが国には混群が生じるといってもよいくらいである。随伴種の代表はキツツキ類である。混群について行く場合はいつも後のほうからであるが、群れから離れて単独で餌をとっていることも多い。南西諸島では、本土とはメンバーの異なる混群が見られる。シジュウカラが能動的中核種であることは変わらないが、メジロが受動的中核種の役を担い、ヒヨドリ、サンショウクイ（*Pericrocotus divaricatus*）、ウグイスなどが随伴種として加わっている。

混群メンバーの役柄を決めるうえでもう一つ欠かせないものが、優位－劣位の関係である（表5－1）。簡単にいえば、ケンカの強さのランキングである。通常は、体が大きいものほど強いので、明らかに大きさの違うものどうしの関係はスムーズに決まる。しかし、同種個体やサイズの似た種の個体間では、実際に戦ってみないと優劣関係が決まらないことも多い。夏の終わりから秋にかけて混群ができるころになると、鳥どうしの取っ組み合いや追っかけ合いが、頻繁に見られるようになるのはそのためである。体の大きさ以外に優劣関係を決める重要な要因として、先住効果というものがある。その場所にもとから棲んでいるものは他の地域や場所から来たよそ者に対してはランクが高くなるというものである。これは場所への執着性にともなう攻撃性の強さが関係していると思われる。この効果のために、体の小さな種類の鳥がその場所で春に繁殖した個体であれば、たとえ冬に訪れたよそ者が体の大きな種類の鳥であってもランクが上位になる場合がよくある。私が学生時代に札幌近郊の防風林で観察した例では、ハシブトガラとシジュウカラ、アカゲラとオオアカゲラ、アカゲラとヤマゲラの間でそのような関係が見られた。ただし、大きなよそ者を攻撃するのは通常オス個体

表 5-1　混群における種間の優位－劣位関係

攻撃した種		攻撃された種							
		ヤマゲラ	オオアカゲラ	アカゲラ	コゲラ	ゴジュウカラ	シジュウカラ	ハシブトガラ	エナガ
攻撃した種	ヤマゲラ	8	3	2	1	3	1	4	
	オオアカゲラ	3	3	4	3	2			
	アカゲラ	2	5	16	17	7	7	7	
	コゲラ				13	27	12	7	
	ゴジュウカラ				5	30	66	78	6
	シジュウカラ						174	131	5
	ハシブトガラ						25	98	10
	エナガ								2

1）種は平均体重の大きい順に並べてある（ただしヤマゲラとオオアカゲラ、コゲラとゴジュウカラの間には体重の重複がある）。
2）網かけした項は種内で起こった攻撃－被攻撃の頻度；この項より右上は大型種から小型種へ、左下は小型種から大型種への攻撃が起こった頻度を示す。

で、メス個体ではあまり見られない。これも性間の攻撃性の強さによるものであろう。

社会的な優劣関係は、鳥の混群内での行動に大きな影響をおよぼす。たとえば、北海道で観察していた混群では、劣位な種は先行種、優位な種は追従種という関係があった（図5－3）。また、餌のありかを自分で探し出したとしても、自分よりも力の強い個体に攻撃を受ければその場を明け渡すしかないし、攻撃を受ける前に飛び去ってしまうこともある。優劣関係は致命的になるかもしれない無駄な闘いをしないための社会システムだということもできる。気象条件のきびしい季節には、利益をあげることよりもコストを最小限にすることのほうが大切な場合もあるのだ。しかし、劣位な種の中にもさまざまな個性がある。私が観察していた餌場には、体が小さくて劣位なものから順に、エナガ、ハシブトガラ、シジュウカラが混群の中核種として訪れていた。北海道のエナガはシマエナガとよばれ、本州のエナガと違って顔に過眼線がなくて真っ白で、それが北海道の白い雪にマッチして愛らしく、私がもっとも好きな鳥の一つである。このエナガは

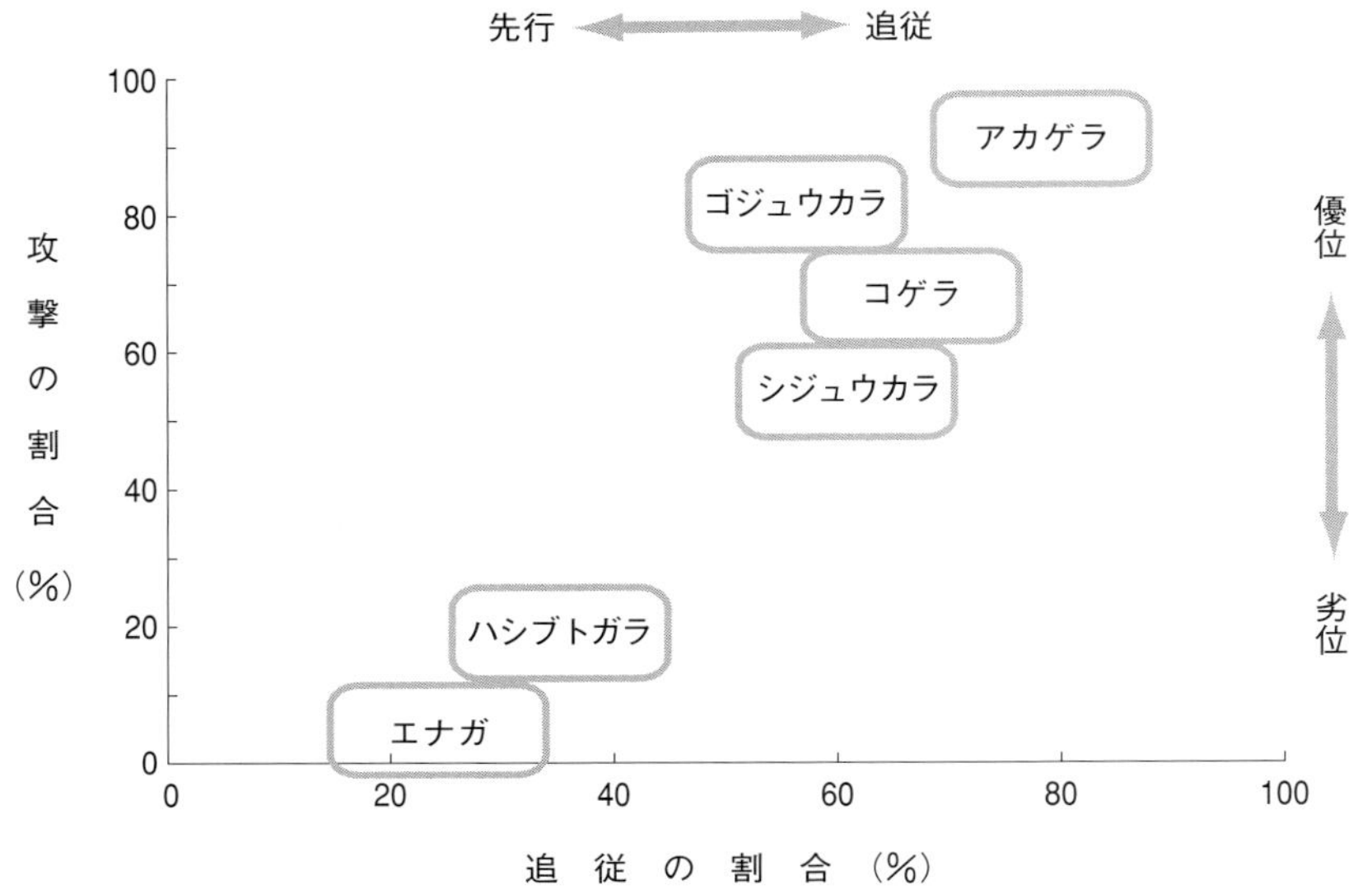

図 5-3　札幌の近郊林における混群構成種間の先行 - 追従関係と優位 - 劣位関係

もっとも劣位なために、餌を食べていても他の種の鳥に攻撃を受ければ、通常は速やかに譲るのであるが、なかには気の強い個体もいる。ハシブトガラが餌をとっているそのエナガに飛びかかったり頭の上に乗ったりして執拗に攻撃をしても一向にその場を譲ろうとはせず、結局、ハシブトガラはあきらめて別の場所に飛んでいってしまった。次に、このエナガに攻撃を仕掛けたのはシジュウカラで、このときもはじめのうちは攻撃に耐えていたが、とうとう渋々という感じで譲ってしまった。時間にしたら二分間にも満たない出来事であったが、そのときのエナガの気丈な表情がいまも忘れられない。

多様な目の効用

「なぜ群れるのか」という問いに対しては、「多くの目」の効果で説明され実証されてきた。簡単にいえば、多くの個体で一緒に餌を探したり捕食者を警戒したほうが、単独の場合よりも効率的な採食と捕食者回避が可能になるというものである。ところが、「なぜ混群を作るのか」という問いに対して明快な回答を与えるのは決して容易ではない。なぜならば、同種個体の群れで得られる以上の利益が混群を作ることで得られることを説明できなければならないからである。混群の効果については、同種群の「多くの目」の効果に対して「多様な目」の効果による説明が行われてきた。すなわち、森林の中で得意とする餌の探索場所や捕食者の警戒範囲が種によって少しずつ違うために、混群全体では同種の画一的な群れよりも広い範囲をカバーでき、群れの効果が増大するというものである。

たとえば、枝にぶら下がったりしながら軽快に餌を探していたエナガやヒガラがある樹種の枝先で越冬中の虫を見つけたとしよう。樹皮の下や冬芽の内部あるいは虫こぶ内で越冬する虫は、同じ種類であれば同じような場所に集中して存在することが多いので、その周辺や似たような場所で餌が見つかる確率は高い。そのため、細い枝先で餌をとるのがあまり得意でなく、ふだんは太い枝や幹で餌を探しているシジュウカラやゴジュウカラも、餌がある可能性が高いとなればそのような場所で探しはじめるに違いない。逆に、地表面で餌を探すことの多いシジュウカラが餌を見つけると、それに誘引されてエナガやヒガラが降りてきて餌をとりはじめることもある。これを群れにおける「模倣効果」といい、混群ではとくにその効果が大きくなると考えられる。

ほかに採食上の利益をもたらすものとして「追い出し効果」がある。これは、枝葉で虫を探し回る鳥が移動すると餌である飛翔昆虫が飛び出してくるので、フライキャッチャー型の鳥はこの効果によって得る利益は大きい。わが国の本土では混群の形成される時期に飛翔昆虫は少ないため該当種はいないが、南西諸島の混群におけるサンショウクイや熱帯の混群で追従種となるヒタキ類やオウチュウ類はこの効果を享受している鳥たちである。オーストラリアの森林で地面を耕耘機のようにかき起こしながら採食するコトドリ（*Menura novaehollandiae*）のあとには、多くの地表採食性の鳥がついて回る。この効果は鳥どうしの関係に限られない。南米の森林に生息するアリドリ類はアリを食べるからそうよばれているのではなく、軍隊アリの大群に追従して飛び出してくる虫をもっぱら食べているのでそうよばれているのである。

混群に加わることによる採食上の効果は、餌をとった場所やその効率などを実測して同種群でいるときと比較することで、ある程度実証することができる。その例については、あとで自分の調査結果を紹介したい。ところが、捕食者に対する多様な目の効果を実証するのは難しく、いまだ仮説の域を出ていない。鳥の捕食者に対する警戒の範囲や効率というものが定量化しにくいからである。捕食者警戒の効果については、その行動に費やす時間に置き換えて調べられることが多い。鳥は餌をとっているときでも、顔を上げて周囲を見渡す行動を絶やさない。これを捕食者警戒のための行動とみなして、その行動の頻度を調べるのである。同種群の研究では、群れサイズが大きくなるほど捕食者警戒の行動が減り、それにともなって採食時間が増えることが明らかにされてきている。しかしながら、その行動を混群と同種群の間で比較した研究は少ない。ヨーロッパのコガラで調べられた研究では、予想とは逆に、同種群よりも混群のときに首振り頻度が増加した。[2] この種は混群の中で劣位種であるため、首振り行動は捕食者に対するものというより、優位種の攻撃に対する警戒を含んでいた可能性が高い。

そんな中で、北米の混群において随伴種であるセジロコゲラ（*Picoides pubescens*）を使って、カセットテープの音声に対する反応を調べた巧妙な実験結果がある。[3] このキツツキは、同種個体間でのコンタクトコールではなく、中核種であるシジュウカラ類のコンタクトコールを聞かせると、捕食者警戒のための行動を減少させた。また、警戒声（前章参照）に対しても、同種個体のものよりシジュウカラ類のものに敏感に反応することを示したのである。穴をうがって樹木内にいる虫を食べるというキツツキ類の採食方法はつまみ取りを主体とするシジュウカラ類の採食方法とは違うので、模倣のような採食の効果は低そうだ。また、キツツキ類のこの餌のとり方自体にかなりの労力がかかっており、その分捕食者に対する警戒が不足しているように見える。そこで、キツツキ類は捕食者に対する警戒を、その能力の勝るシジュウカラ類に依存しているのだと考えられる。

捕食者に対する撹乱効果も、複数種が混じるほうが効果は大きいかもしれない。群れが捕食者に襲われたとき、同じ種の群れであれば、皆が同じような逃げ方で同じような場所に逃げ込むことが予想される。そうであれば、襲う側も狙いがつけやすいのではないだろうか。ところが、混群を構成する種が、それぞれの独自の逃げ方でいろいろな場所に逃げ込んだら、襲う側は狙いが定まらずに取り逃がしてしまう確率が高くなるに違いない。分類群にかかわりなく、ニューギニアでは黒や褐色の鳥ばかりの混群、南米では青色の鳥ばかりの混群が見られることが知られているが、このように混群構成種の色が互いに似ていれば、その撹乱効果も促進されるかもしれない。ちなみにニューギニアの混群では、毒を持つ黒い鳥や味の悪い黒い鳥が中核種であることから、ミュラー型あるいはベーツ型の擬態による天敵回避の効果も指摘されている（前章参照）。

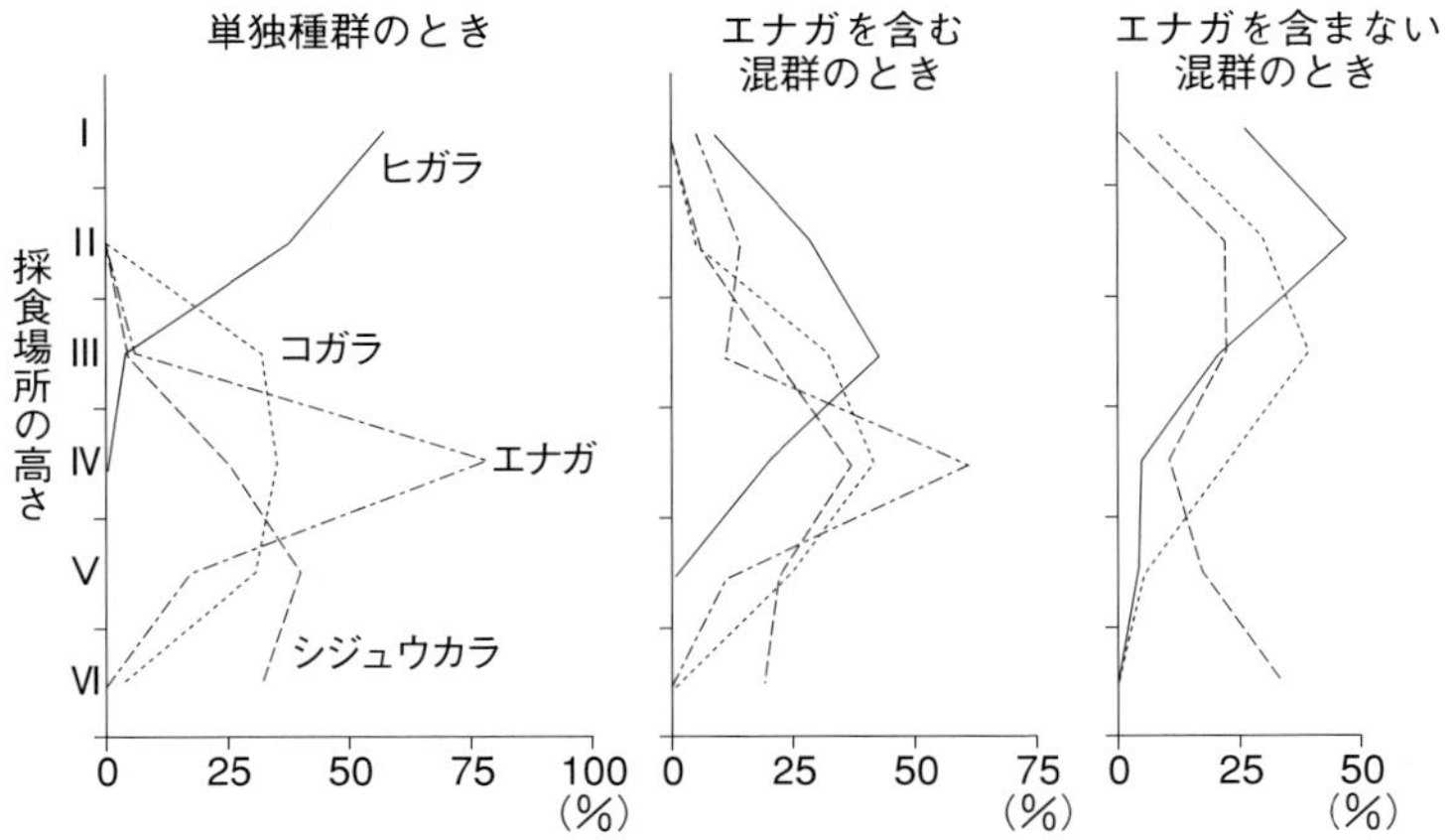

図 5-4　東北大学植物園においてシジュウカラ類各種の鳥が同種群単独の場合、エナガが含まれる混群に加わった場合と含まれない混群に加わった場合に利用した高さの変化（小笠原 1970 より）

弱者を利用する強者

混群に加わることで得る利益は、採食についても捕食者警戒についても種によってさまざまで、メンバー間に同じように配分されるわけではない。たとえば、追い出し効果はフライキャッチャー型の追従種のみが利益を享受し、先行する鳥とは片利的な関係にある。模倣効果については、群れを構成するすべての鳥が互いに恩恵を受けることは可能である。しかしながら、温帯の混群の中核種の間では、劣位なほうが探索者、優位なほうが模倣者となる場合が多い。たとえば、東北大学植物園で調べられた混群では、最劣位のエナガにシジュウカラとコガラとヒガラが引きつけられ、エナガがいない場合には、二番目に劣位なヒガラにシジュウカラとコガラが引きつけられるように採食する高さを変化させていた（図5－4）[4]。同じように劣位な種ほど餌の探索を自力で行う傾向が強いことが、北米で五種を用いて行った室内実験でも示されている[5]。このような関係をもたらす理由としては、劣位な種は小さな体をいかして枝の太さや枝面に制約されずにきめの細かい探索ができることが考えられる。逆に、大きな鳥が見つけた餌は小さな鳥には大きすぎたり堅すぎたりして利用できない場合が多いだろう。

　優位な鳥が混群の中で餌を自力で探さないのには、攻撃によって劣位な鳥の探し当てた餌のありかを略奪できることも大きいに違いない。このような略奪者－探索者の関係は、一種の寄生者－宿主の関係であり「労働寄生」と名付けられている。この寄生的行動は優位な鳥に有利な効果ばかりを与えそうに思われるかもしれないが、実際にはいろいろな制約がある。一つは時間的な制約である。寄生者が探索者を効率的に利用しようとすれば、絶えず追従し続ける必要がある。ある場所で餌を食べている最中であっても、探索者がその場を飛び去れば、置いて行かれないように途中で食事を切り上げてしまわなければならないこともあるであろう。私が北海道で餌場を用いて調べた調査では、優位なシジュウカラは餌場での滞在時間を一定にする傾向があり、餌場を去るのはたいてい自発的なものであった。それに対して、劣位なハシブトガラは、優位な鳥に攻撃を受けない限りは餌場に留まって餌の隠された穴を自力で探して食べていた。そのため、ハシブトガラはいつも優位種よりもいち早く餌場にやってきた。[6] したがって、図5－3に示された温帯の混群における優位種－劣位種と追従種－先行種との間の対応関係は、略奪－探索の戦略にともなう種間関係だといいかえることもできる。

　また、優位な種の鳥は体が大きくてケンカが強いのと裏返しに、利用できる樹木部位の範囲が体の小さな種の鳥に比べて狭いという制約がある。たとえば、シジュウカラは、エナガやヒガラのように細い枝や枝の下面を利用するのがあまり得意ではない（前章参照）。だから、劣位な種に誘引さ

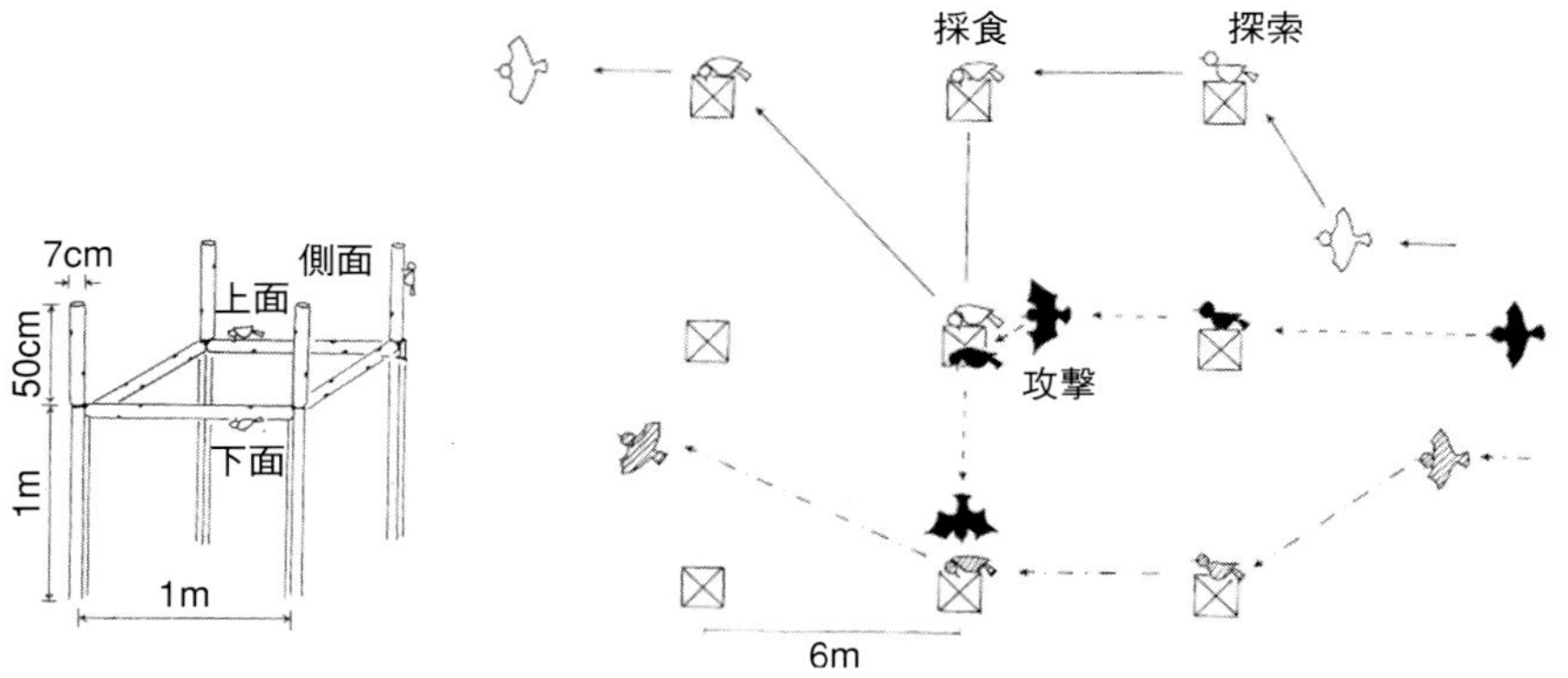

図 5-5　札幌の近郊の防風林で混群の観察に用いた 9 個の人工の木からなる餌場と鳥の利用パターン（Hino 1993 より）

れて高さを変化させることはできても、そこで劣位種と同じように効率的に餌を探したり食べたりすることができない。仮に、細い枝先にいる劣位な鳥を追い払っても、そこを利用できるとは限らないのである。私が観察していた餌場は、一三メートル四方の範囲に縦枝と横枝が組んだ人工の木が九本設置してあって枝の上面、側面、下面の穴から餌をとれるようになっている（図5－5）。エナガはどの面からも均等に餌をとり、シジュウカラは九〇パーセント近くを上面から餌をとり、ハシブトガラはその中間的な枝面の利用をしていた。シジュウカラ類二種の枝面をめぐる関係で興味深いのは、ハシブトガラはシジュウカラが餌場にいないときは枝の上面を多く利用したのに、シジュウカラがいるときには上面を減らして下面を利用するようになったことである。そして、シジュウカラが攻撃して餌のありかを略奪したのは、ほとんどが上面で餌をとっているハシブトガラであった（図5－6）。たまに下面のハシブトガラを攻撃してその場所を奪ったとしても、ほとんどの場合、シジュウカラは枝の下側にうまくとまることができず

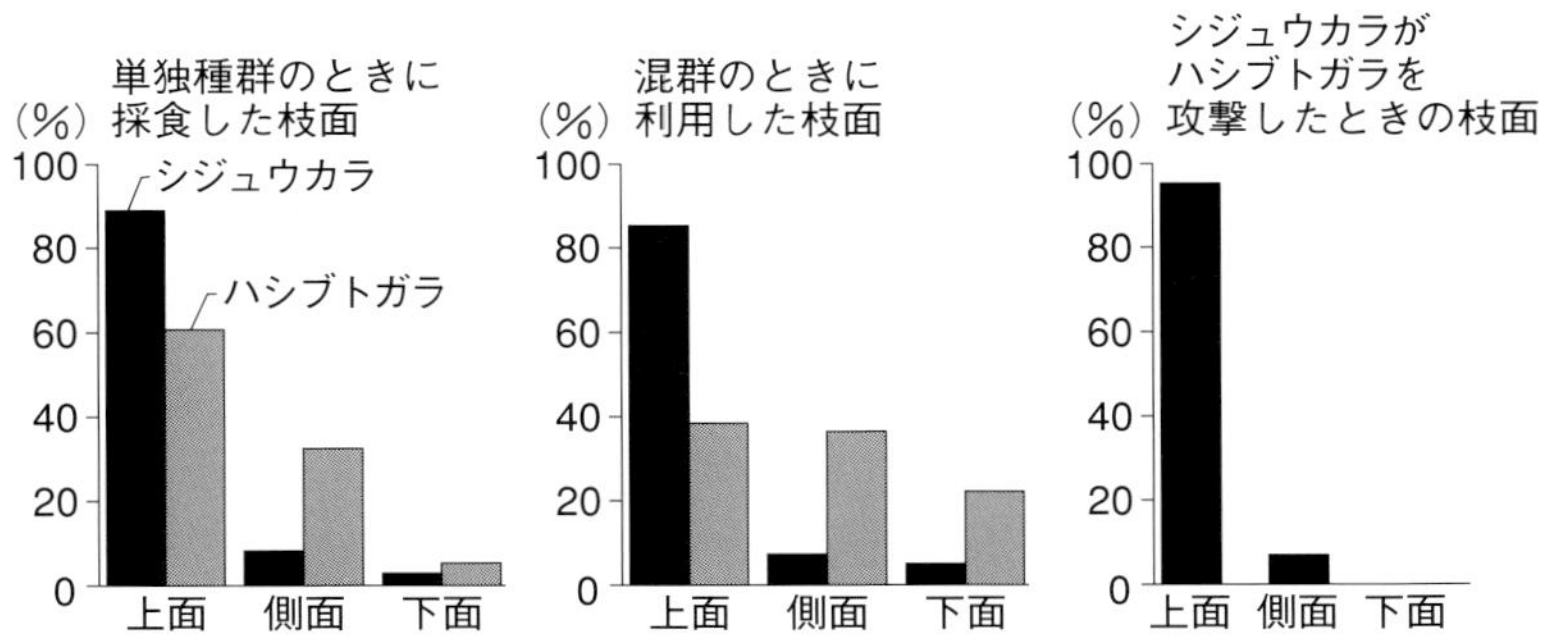

図5-6　札幌近郊の防風林のシジュウカラとハシブトガラの混群において、相手種の存在にともなう採食する枝面の変化と攻撃の起こった場所（日野 1997より）

に餌をとることができなかった。「天は二物を与えず」という言葉があるように、体が小さいものは砂場での相撲ではガキ大将には勝てなくても、ジャングルジムでの鬼ごっこでは負けないのである。

弱者が混群に加わる理由

このように中核種間で優劣関係と労働寄生的関係とが対応するような混群では、行動上や形態上の制約があるとはいえ、優位な種が混群を作ることの利益は大きいに違いない。一方、劣位な種は優位な種がいなければ餌を奪われることはなく悠然と採食できるはずである。小さな体をいかしてのすばしっこさや身軽さは、混群内で優位種の攻撃を避けるのに役立てることができるが、あくまでも次善の策にすぎない。それならば、なぜ劣位な種は優位な種と混群を作るのであろうか。三つの可能性がある。一つ目は捕食回避による利益が同種群よりも大きい、二つ目は種内競争にともなうコストが同種群よりも小さい、三つ目は優位種の追従から逃れられずやむなく加わっている、の三つである。

右で述べたように、捕食回避の効果を行動観察によって定量的に実証するのは難しい。しかし、捕食圧を実験的に変えることで混群の形成率が変われば、混群が捕食回避に関係があることは示唆できる。たとえば、人間に慣らしたオオタカを肩にのせて森林内を歩くというヨーロッパで行われた野外実験がある。[7]そうすることで、混群への参加率を増加させたのは随伴種のアカゲラのみであった。前述の音声に対する反応実験でも示されたように、キツツキ類が捕食者警戒のために混群に加わっているのは確かなようである。しかし、エナガやヒガラなどの体の小さな種は、単独で同種の群れを作る習性を持っている。温帯の森には熱帯ほど小鳥を捕食する猛禽類は多くないため、同じ数であれば混群であろうと同種群であろうと捕食者回避の効果には大きな差はないのかもしれない。

同種個体は異種個体に比べて餌の好みや利用空間が似ているため、競合関係が強くなることが予想される。それは、どの種も繁殖期に同種個体間では縄張りを構え平面的には共存しないのに、異種間では空間的な分割によって共存していることからも明らかである。しかし、非繁殖期には種によって同種個体に対する寛容性が違う。たとえば同じキツツキでも、コゲラは雄雌のペアーがいつも一緒に行動することが多いのに対して、アカゲラは雌雄別々に行動する。餌場でもコゲラは一緒に来て餌をとり、攻撃をすることがあっても「ちょっとどいて」という感じで軽く押しのける感じである、ところが、アカゲラやオオアカゲラでは繁殖期にペアーであったことを疑ってしまうほど雄の雌への攻撃は激しい。混群メンバーの中でもっとも同種個体間の仲が良いのはエナガである。一〇羽程度の個体がいつも一緒に行動する。攻撃をするどころか、数羽が頭を寄せ合いながら餌をとっている光景はほほえましいものである。それに比べると、シジュウカラでは同種個体どうしでの攻撃行動がかなり頻繁に見られる。こうして日本の混群を構成する主要な種間で比較してみると、体が小さくて劣位な種

表 5-2　温帯の混群の中核種の一般的な特徴

	受動的中核種		能動的中核種
移動パターン	先行	<――>	追従
優劣	劣位	<――>	優位
採食パターン	探索型	<――>	模倣型
採食空間の大きさ	広い	<――>	狭い
採食行動の柔軟性	大きい	<――>	小さい
同種個体間攻撃性	弱い	<――>	強い
同種群サイズ	大きい	<――>	小さい
行動圏	広い	<――>	狭い
群れ性向	同種群	<――>	混群
日本の混群の該当種	エナガ ヒガラ	コガラ ハシブトガラ	シジュウカラ ヤマガラ

ほど同種個体間での攻撃性が弱くなり一緒に行動する傾向、すなわち同種群的性向が強いことがわかる（表5－2）。

札幌近郊の防風林では、エナガは毎年訪れるわけではなく、飛来した年でも同種群を形成して広い範囲を動くので混群に含まれないことが多い。そのため私が調べた混群では、ハシブトガラが劣位な先行種、シジュウカラが優位な追従種というのがもっとも基本的な配役であったので、この二種に絞って、同種群的性向がシジュウカラよりもハシブトガラでいかに強いかをもう少し詳しく見てみよう。まず同種個体間の攻撃性の強さを、一三メートル四方の餌場における同種個体間で生じる攻撃頻度を同種個体の数に対してプロットしたときの傾きとして求めた。その結果、ハシブトガラの同種個体に対する攻撃性はシジュウカラの半分しかなかった。この種間での攻撃性の違いは、秋から冬にかけての個体数の安定性に影響した。調査地には秋から初冬にかけて他の地域から多くの個体が飛来し、その一部はそのまま春まで滞在する。飛来数は年によって変動が大きいが、その数はシジュウカラとハシブトガラで大きな差はなかった。ところが、シジュウカラでは侵入個体の定着率は低いために冬の個体数変化は最大で一・五倍

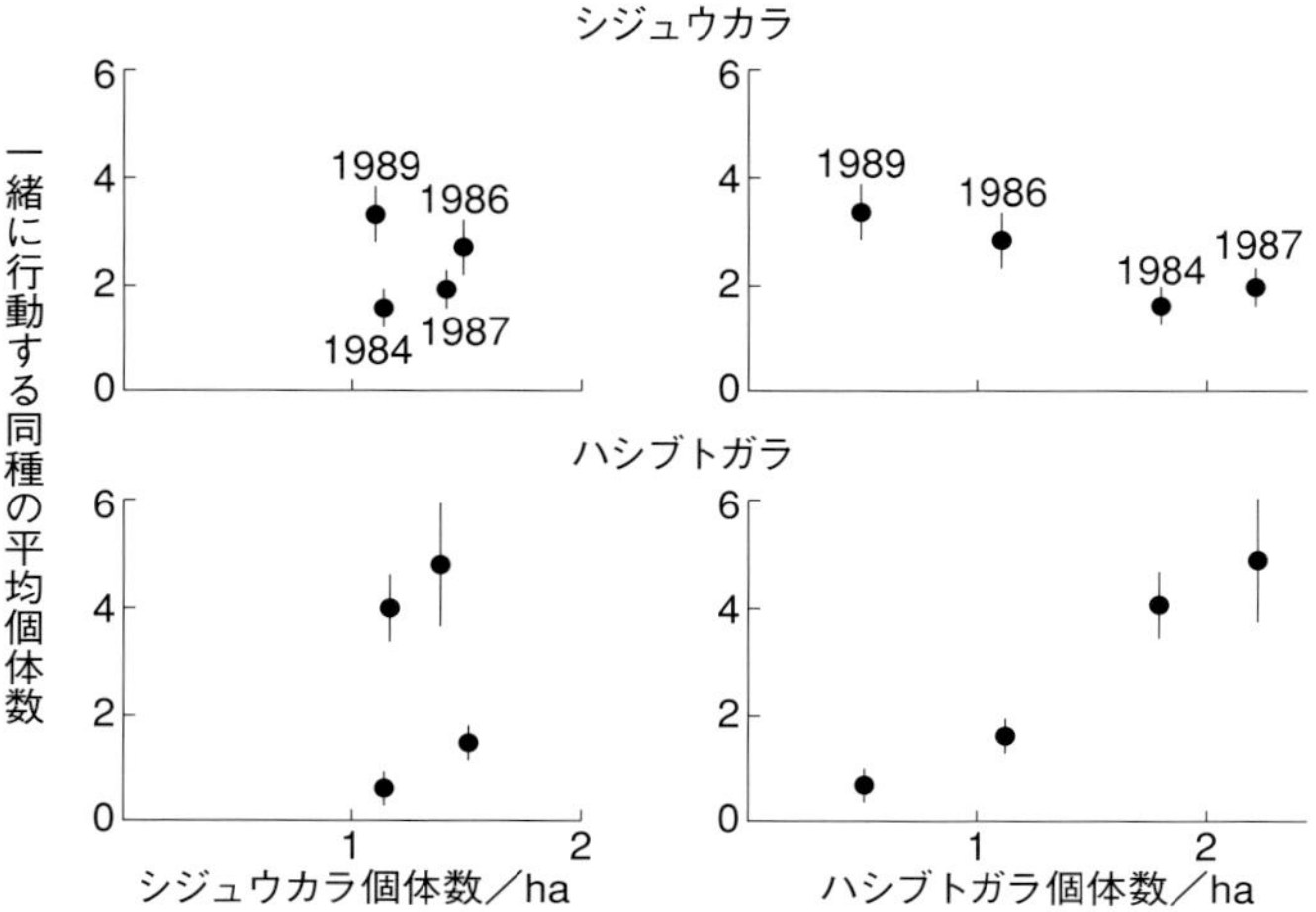

図 5-7　札幌近郊の防風林のシジュウカラとハシブトガラの混群において、行動をともにした同種個体数と同種および異種密度との関係の年変化。図中の黒丸は個体の平均値、縦線は標準誤差（日野 1997 より）。

弱と小さかったのに対して、ハシブトガラでは侵入個体の数の変化に応じて四倍にまで冬の個体数が変化した。この個体数変化に合わせて、ハシブトガラの同種群サイズ（図5－7の縦軸の値に一を加えた数）も年によって平均で二羽から六羽まで変化した。興味深かったのは、シジュウカラの対応である。この種の同種群サイズは、ハシブトガラの個体数増加に合わせて平均で五羽から三羽に減少したのである（図5－7）。その結果、シジュウカラとハシブトガラからなる混群は、ハシブトガラの個体数変化にかかわらず七羽から九羽とほぼ一定に維持されていた。この個体数や群れ構成の年変化からわかるように、ハシブトガラは同種群的性向が強く、逆にシジュウカラは混群的性向が強いことがわかる。

このハシブトガラとシジュウカラの関係を見ると、劣位種が混群に加わる理由としてあげた三つのうち三番目の可能性がもっとも高いのではないかと思われる。すなわち、劣位な種は同種群的性向があるにもかかわらず、優位種の追従から逃れられずやむをえず混群に加わっているというものである。ところが、ハシブトガラのように状況依存的で中途半端な同種群に比べると、エナガは最劣位種でありながら、協調性が高くて自己充足的な同種群を発達させることで、混群の中で優位種から受けるマイナスの影響をかなり軽減できているように思われる。エナガの群れは血縁度の高いいくつかの繁殖つがいが集合してできたものであり、非繁殖期には群れ縄張りを共同で防衛するという特殊な社会システムを持つ。[8] エナガはシジュウカラ類とユーラシア大陸に広く同所的に分布するので、混群の中での最劣位種という地位はどこに行っても変わらない。あくまでも根拠のない推測であるが、シジュウカラ類とのこのような普遍的な種間関係が、エナガのこのユニークな社会システムを進化させる原動力となったと考えることはできないだろうか。

強者を利用する弱者

マダガスカルにおけるオオハシモズ類の調査プロジェクト[9]（6章参照）に参加し、アカオオハシモズ（*Schetba rufa*）という鳥の繁殖社会システムを解明するために、この鳥をかすみ網で捕獲していたときのことである（図5-8）。網を張った近くで「クワッ・クワッ・クォー」と三音からなる特徴的な声をテープレコーダーで流していた。これは縄張り排除行動を利用して、おびき寄せられた同種個体が網にかかるのを待つ方法である。ところが、テープの声に反応して真っ先に周辺にやってきたのは、マダガスカルサンコウチョウ（*Terpsiphone mutata*）という鳥だった。そのあとも、お目当てのアカオオハシモズばかりでなく、いろいろな種類の鳥が続々と集まってきた。なぜこんなことが起こったのだろうか。その謎は混群の調査を進めていくうちに解き明かされることになった。アカオオハシモズはこの森の繁殖期における混群の先行種すなわち受動的中核種だったのである（図5－9）。

アカオオハシモズの多くは三羽以上の繁殖グループを作っており、そのメンバー間で絶えずコンタクトコールを出しながら統制を保ち続けているのは、わが国の混群の受動的中核種であるエナガと似ている。しかしながら、エナガが最劣位の鳥であったのに対して、アカオオハシモズは攻撃性が強く最優位の鳥だった。ただし攻撃性が強いといっても、シジュウカラのように餌を略奪するために他の鳥たちを攻撃するということはめったにない。アカオオハシモズが他のメンバーにたまに向ける攻撃を見ていると、ついて回られるのがうっとうしいので「あっちに行け」ともいわんばかりの軽い脅しのようである。ところが、相手が捕食者である猛禽となると話は別である。調査を行った落葉広葉樹林には、小鳥を獲物とする猛禽が四種類繁殖していた。猛禽類以外の鳥で繁殖していたのは二九種であるから捕食圧は相当なものである[10]。これらの天敵が周辺に現れるやいなや、真っ先に警戒声を発し大きな声で騒ぎはじめるのは、決まってアカオオハシモズのグループであった。ときには、一段となって果敢に追いかけ回すことさえある。巣内の卵や雛を捕食していると考えられるキツネザルや長さ一・五メートルほどもあるヘビもまた、攻撃の対象となっていた。あの鉤状の鋭い嘴を武器に集団で来られては、これらの捕食者たちも逃げるしか術はないのだろう。

この林では二九の繁殖種のうち半分の一四種が混群に加わるのが観察された。そのうち中核種となっていたのは、アカオオハシモズ、マダガスカルサンコウチョウのほかに、ルリイロオオハシモズ（*Cyanolanius madagascarinus*）、マダガスカルオウチュウ（*Dicrurus forficatus*）、ニュートンヒ

図 5-8　マダガスカル混群の受動的中核種であるアカオオハシモズの抱卵。
写真の個体は若鳥で親の繁殖の手伝いをしていると考えられる。

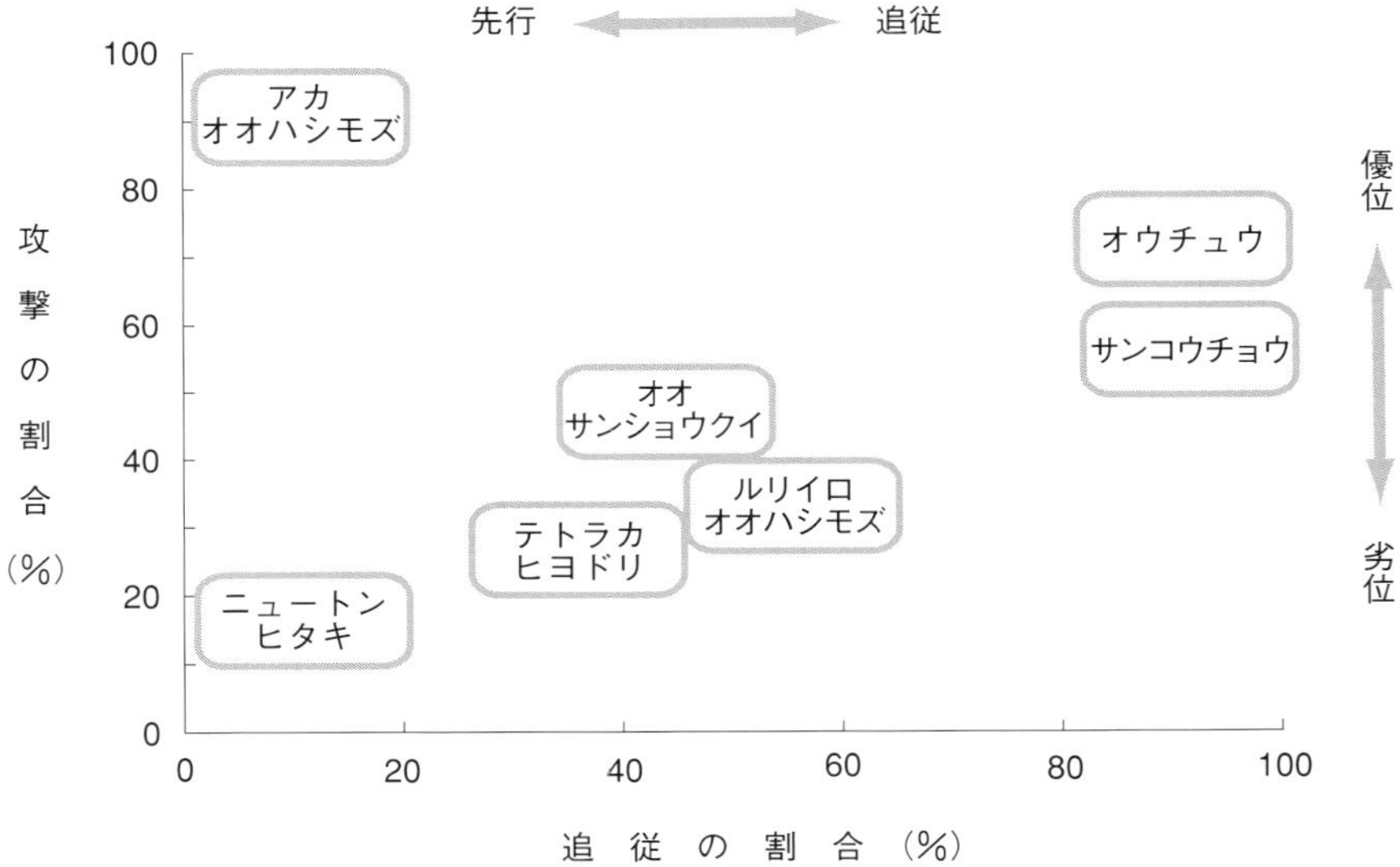

図 5-9　マダガスカル西部の広葉樹林における混群構成種間の先行 - 追従関係と優位 - 劣位関係（Hino 1998 より）

表5-3　マダガスカル混群中核種が単独もしくは同種群でいるときと混群でいるときの採食場所と採食速度の変化。網かけ部分は統計的に有意な変化が起こったことを示している（単独と同種群との比較では全種において差なし）。

	高さ[1)]	部位	方法	採食速度
アカオオハシモズ	低	地面	飛びかかり	不変
ニュートンヒタキ	中 - 高 →中	葉	つまみ取り & 羽ばたき & 飛びつき	上昇
テトラカヒヨドリ	低 - 中	枝幹 →葉 & 枝幹	つまみ取り	上昇
オオサンショウクイ	中 - 高	葉	飛びつき →つまみ取り & 飛びつき	上昇
ルリイロオオハシモズ	高 →中	葉	ぶら下がり	不変
サンコウチョウ	中	空中 & 葉 →葉	飛びつき →羽ばたき	上昇
オウチュウ	高 →中	空中 →葉	飛びつき →飛びつき & 飛びかかり	上昇

1）低：0 ～ 1m、中：1 ～ 6m、高：6m 以上

タキ（*Newtonia brunneicauda*）、テトラカヒヨドリ（*Phyllastrephus madagascariensis*）、マダガスカルオオサンショウクイ（*Coracina cinerea*）の七種であった。調査の結果、このうち六種が混群に加わったときに互いに同じような高さ、採食部位、方法で餌をとるようになり、さらに五種で採食効率が高まっていた[11]（表5－3）。これは混群メンバー間の模倣や追い出しによる効果だと考えられ、とくにその効果は追従種であるオウチュウとサンコウチョウで大きかった。オウチュウ（図4－9）は、単独もしくは同種個体と一緒のときには木の高いところで空中を飛び回っている小型の昆虫を飛びついて捕らえていたが、混群に加わると低いところに降りてきて枝葉や地面にいる大型の節足動物をとるようになった。サンコウチョウも単独か同種といるときには、空中へ飛び出して虫を捕らえていたが、混群に加わると葉などにいる虫を羽ばたきながら捕らえるようになった。ニュートンヒタキはアカオオハシモズと同じ先行種の役回りであったが、逆に

体が小さくてもっとも劣位であった。しかし、わが国の混群の劣位な先行種のように優位種から攻撃を受ける頻度は少なく、その証拠にこの鳥もまた混群に加わることで採食効率を増加させていた。

混群の利益を享受していた鳥たちの中で唯一いかなる変化も示さなかったのが、アカオオハシモズであった。他のメンバーが樹冠内で餌をとっていたのに対して、この鳥は混群に加わっていようがいまいが、もっぱら地表面やその近くにいるケラ、クモ、ムカデなどの大型の節足動物や小型のトカゲやカメレオンなどを飛びかかって捕らえる方法で餌をとっていた。また、混群に加わることで、採食速度が上昇するということもなかった。すなわち、他の種の存在などおかまいなく「わが道を行く鳥」なのである。それにもかかわらず、テープレコーダーで声を流しただけで、多くの鳥が続々とその周辺に集まってくるのであるから、その誘因力は相当なものである。おそらくこのアカオオハシモズの捕食者に対する防衛能力が他のメンバーたちにとっては大きな魅力となり、「寄らば大樹の陰」と一方的につい回られているのであろう。

しかし、アカオオハシモズが混群の中で主役を担当していたのは、繁殖期においてのみであった。繁殖期に混群が常時形成されているのは熱帯林の特徴であるが、混群への依存度はやはり非繁殖期のほうが高い。熱帯とはいえ、餌となる虫が非繁殖期に少なくなるからである。非繁殖期における混群参加率は、アカオオハシモズは繁殖期と変わらず五〇パーセント程度であったが、他のメンバーが九〇パーセント近くまで増加させており、結果的にアカオオハシモズを含む混群が四分の一にまで減っていた。混群内では相変わらず他の種について回られていたが、繁殖期ほどには頼られる存在ではなくなっていたということである。それは、アカオオハシモズの捕食者に対する警戒や攻撃性が、自分たちの雛を守らなければいけない繁殖期に比べてかなり低くなっていたことと無関係ではないだろう。そのうえ餌資源が少ない時期であり、鳥たちが混群に参加する主要な目的が対捕食回避の効果から効率的採食の効果にシフトしたのかもしれない。もしそうだとすると、アカオオハシモズは、他のメンバーたちにとってはあまり役に立つ存在ではない。なぜなら、この鳥がもっぱら餌をとる地表面は、主に樹冠部で餌をとる鳥にとってあまり得意な場所ではないからだ。アカオオハシモズを含まない非繁殖期には、同種個体の群れサイズが増加したニュートンヒタキとテトラカヒヨドリが先行種となっていた。つまり、非繁殖期には効率の良い採食が関心事となって採食場所の似た鳥たちどうしで群れるようになり、捕食者に対する警戒性の弱まったアカオオハシモズをパートナーとして選ばなくなったのだろう。

個体間関係で決まる種間関係

これまで種間関係というときには、各種の個体ごとの行動や個体間の相互作用については言及せずに述べてきた。しかし、実際に私たちが観察している実体は、種という分類上の単位ではなくそれぞれの個体である。とくに混群は同種個体と異種個体が入り混じっている社会であり、個体別に捉えていってこそ、その本来の姿が見えてくるといってもよいだろう。

とはいえ、個体識別するには捕獲の必要があり、調査地や時間の制約によっていつもできるとは限らない。そんな場合は、外見や行動によって、雄か雌か、成鳥か幼鳥か、優位個体か劣位個体かなどをできるだけ識別するだけでもずいぶんいろんなことがわかるものである。マダガスカルにおいて、非繁殖期によく見られたサンコウチョウとニュートンヒタキ二種の混群について調べた例について紹介する。[12]

両種間ではニュートンヒタキが先行者、サンコウチョウが追従者の関係にある。サンコウチョウの雌はすべて尾が短いが、雄には年齢に関係して尾の長い個体と短い個体が見られる。どのタイプの個体も混群に加わることで、単独あるいは同種個体と一緒にいるときよりも採食効率を増加させたが、その効果は雌と尾の短い雄で大きく、尾の長い雄で小さかった（図５－10）。採食様式の変化について見てみると、どの個体も混群の中ではニュートンヒタキと同じように樹冠内の葉の下から羽ばたきながら頻繁に餌をとった。一方、単独かペアーでいるときには、尾の短い個体は同じ採食様式をとっていたのに対して、尾の長い雄は空中を飛翔する昆虫を飛びついて捕らえていた。したがって、尾の長い雄にとって混群に加わることは利益があるものの、おそらく長い尾が樹冠内での採食に邪魔になるのか、尾の短い個体ほど効率的ではなく得られる利益が小さくなるのだろう。前述したように、種全体で見たとき、サンコウチョウは混群に加わると採食の場所と方法を変化させていたが、これは尾の長い雄の行動の変化によってもたらされたものだったということになる。雄の長い尾は、雌の選り好みにともなう繁殖上の利益によって進化するが、どこまでも長くならないのは、尾が長くなることによって繁殖以外のことで不利益が生じるからである。一般的には、尾が長くなると捕食にあいやすくなるからだと説明されることが多いが、混群での採食上の利益を尾の短い個体ほど効果的に利用できないということも関係しているかもしれない。

一方、ニュートンヒタキは多くて五個体までの同種の群れを作るため、社会的に優位な個体と劣位な個体との間での比較を行った。優劣の識別は、行動観察中に攻撃をしたか受けたかで判断した。

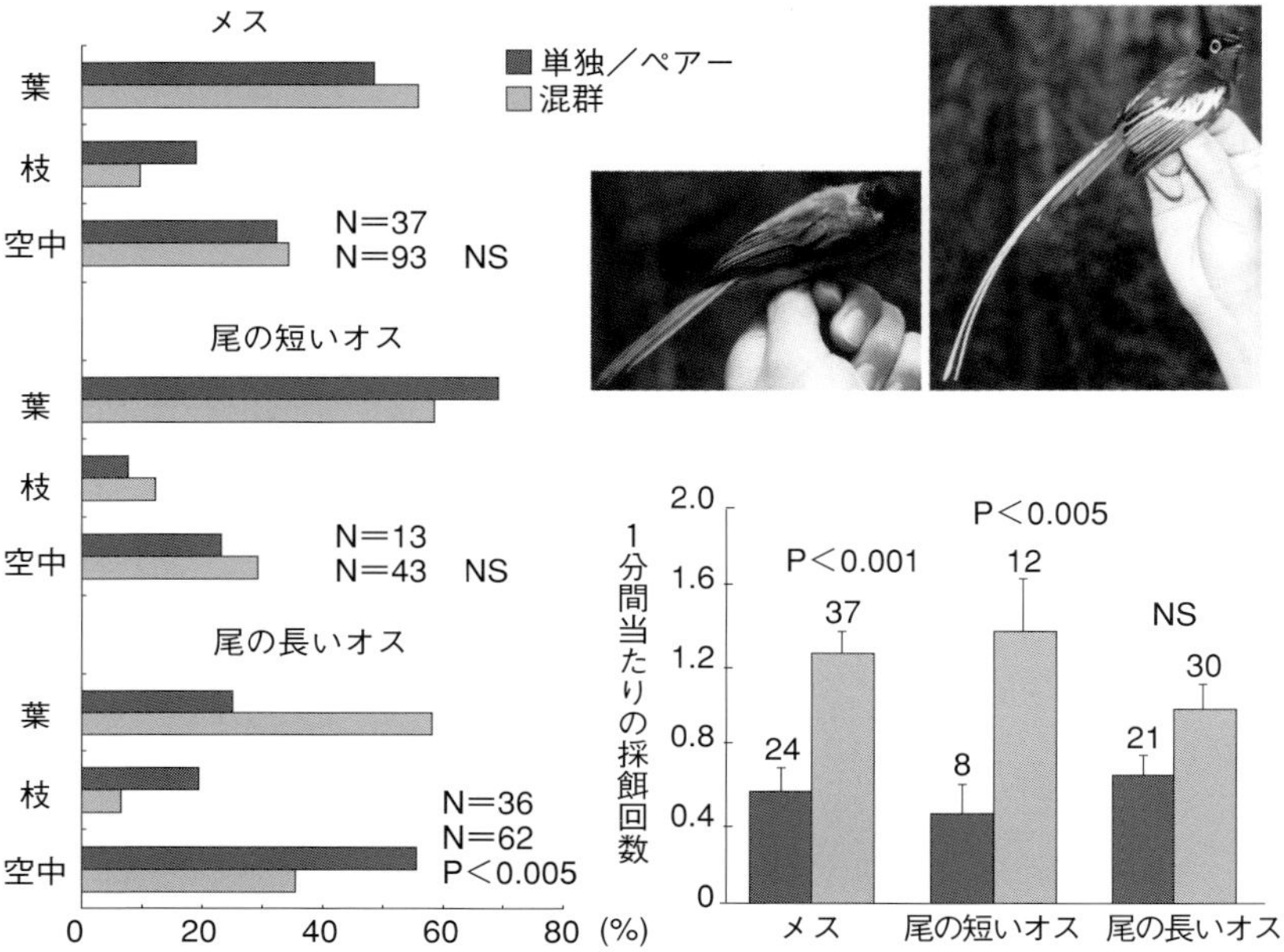

図 5-10　マダガスカル西部のサンコウチョウの尾の短い雌と雄、尾の長い雄が、単独もしくはペアーのときとニュートンヒタキとの混群に加わったときの採食部位と採食速度の変化（Hino 2000 より）

同種だけの群れのときには、三羽までは群れサイズとともに採食効率が上がったが、四羽を超えると大きく減少した。これは群れサイズが増えるとともに、個体間の攻撃的出会いの頻度が増加したためである（図5－11）。このマイナスの影響を受けていたのは劣位個体で、優位個体による攻撃のために好ましくない場所での採食を強いられていた（図5－12）。ところが、サンコウチョウの加わった群れではどういうわけか攻撃的出会いは少なくなり、同種個体が四羽以上でも採食効率の減少は見られずに増加した。その結果、劣位個体も優位個体

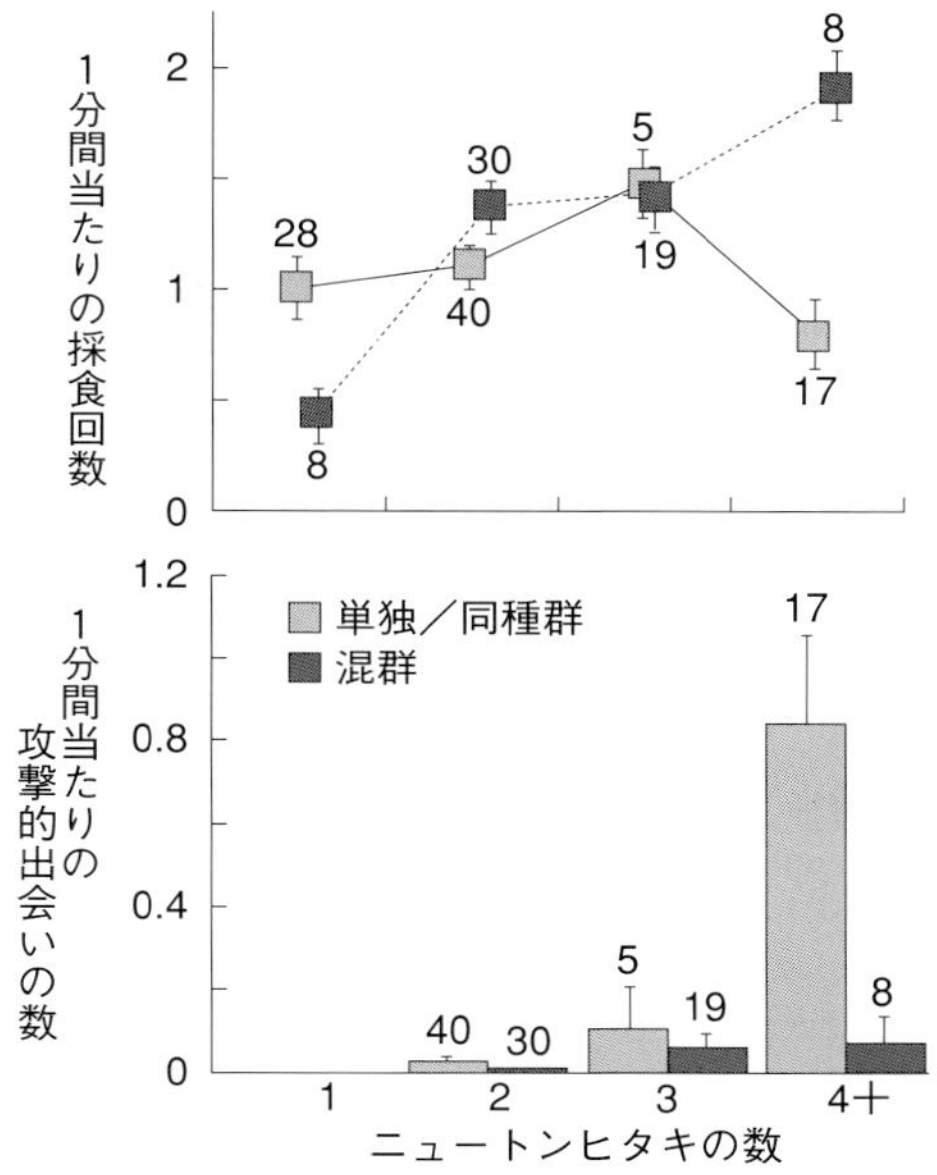

図 5-11　上：同種群サイズにともなうニュートンヒタキの採食速度の変化の同種群のときとサンコウチョウとの混群のときとの違い。下：同種群サイズにともなうニュートンヒタキの攻撃－被攻撃の頻度変化（Hino 2000 より）

と同じように採食していた。つまり、種全体で見たとき、ニュートンヒタキは混群に加わることで採食効率を増加させていたが、これは劣位個体の行動の変化によってもたらされていたということになる。なぜサンコウチョウが加わるとニュートンヒタキの個体間の攻撃行動が弱まるのかはわからない。個体識別をしていないのではっきりしたことはわからないが、調査地におけるニュートンヒタキの縄張り密度がサンコウチョウの約一・五倍であった[10]ことから推測すると、サンコウチョウの縄張りの範囲内に縄張りを持つニュートンヒタキの二組のペアーが

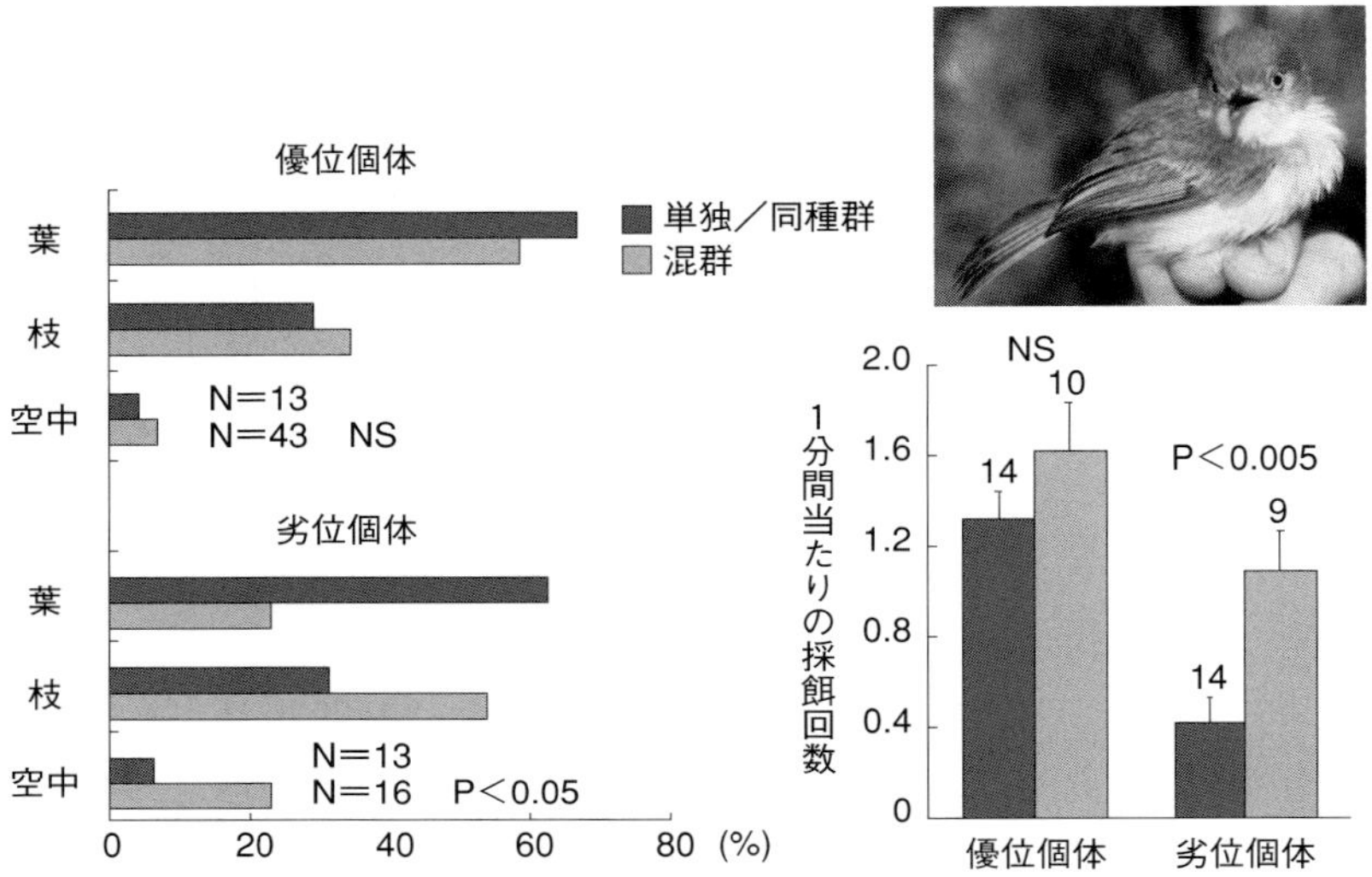

図 5-12　マダガスカル西部のニュートンヒタキの優位個体と劣位個体が、単独もしくは同種群のときとサンコウチョウとの混群に加わったときの採食部位と採食速度の変化（Hino 2000 より）

ときどき一緒に行動していた可能性がある。そのため、同種だけのときには場所依存的な優劣関係にともなう攻撃行動が頻繁に起こるが、サンコウチョウが加わると、多様な目の効果もあって採食に専念するようになるのかもしれない。

北海道での混群の観察は、カラーリングによる個体識別を行った。すでに紹介したように、体の小さな鳥の中には先住効果によって体の大きな鳥よりも優位な個体がいた。この関係があるからこそ、小さな鳥は大きな鳥の侵入の多少にかかわらずきびしい冬を生き延びることができ、その林に繁殖者として留まり続けられるのかもしれない。また、ハシブトガラをもっとも頻繁に攻撃するのはシジュウカラの中の劣位な個体で、この劣位個体をもっとも頻繁に攻撃していたのはシジュウカラの中の優位な個体というふうに個体間の攻撃は玉突き式に起こっていた。[6]つまり、ハシブトガラはシジュウカラの劣位個体からの攻撃によって採食の場所や行動の変化を強いられていたことになる。また、シジュウカラの劣位個体こそがハシブトガラとの混群において模倣や略奪によって得られる恩恵をもっとも享受していたといってもよいかもしれない。なぜならば、同種個体だけの群れにいたならば、優位な個体に一方的に搾取される存在だったからである。

究極の混群

北海道の混群で見られたように、温帯林の混群は餌をめぐる中核種間の寄生的な関係で特徴づけられる。餌条件のきびしくなる非繁殖期に混群が形成されることからも、それは裏付けられるだろう。一方、マダガスカルの混群で見られたように、熱帯林の混群は相利的または片利的な協調的関係で特徴づけられる。一年中形成され、餌の少なくなる非繁殖期のほうが採食上の効果が重要にはなるものの、基本的には密度の高い捕食者に対する防衛が混群形成の原動力となっていた。

究極ともいえる協調的な混群は、南米の熱帯林で見られる。混群を構成する数十種の鳥のうち、一〇種ほどが一年中統一性のある群れで一緒に行動し、しかも共通の縄張りを共同で防衛するのである。[13]同じ熱帯林でも、東南アジアやアフリカ大陸の熱帯林ではこのような混群は知られていない。マダガスカルの混群も一年中作られてはいるが、中核種でさえ時間帯や餌条件によって単独や同種群だけでいることもあり、縄張りや行動圏も種によってまちまちである。

南米の混群では、中核種にはそれぞれ一組の繁殖ペアーがいるが、毎年繁殖するわけでなく数年で平均一羽の雛が育つ程度らしい。そうすることで個体数を増やさず安定な群れ構成と縄張りを維持しているというから、その協調性は相当なものである。育った雛は親元に一年近く留まったあと数年間はいくつかの群れを渡り歩き、配偶者を獲得するや一生涯他種との固い絆に結ばれた共同生活がはじまるのである。群れ縄張りの境界は変わることはなく、その中には共同の水浴場や夜明け後の集合場所も定められ、未繁殖の個体には共同のねぐらさえもあるらしい。お互いに知りつくした仲間と慣れ親しんだ場所で動き回っていれば、内輪でケンカすることもなくなり、捕食者に対する防衛も採食も効率よく行われるに違いない。安定な社会を確立し確実に子供を残すやり方は人間社会に通じるものがありそうだ。

5・2 他者に依存した場所選び

猛禽の威を借る小鳥

大学の研究室に入り鳥の観察をはじめたころ、札幌近郊の防風林のトビ（*Milvus migrans*）の巣の中からスズメが飛び出してくるのを見て一瞬目を疑った。まさかと思ってしばらく見ていると、一度どころか何度も繰り返して出入りしている。嘴にはイモムシをくわえて運び込んでいたことから、トビの巣材の中に巣を作って雛を育てているのだとわかった。これは大発見に違いないと意気揚々と研究室の先輩に話すと、よくあることだと一蹴されてがっかりした記憶がある。スズメにとって最大の敵は、巣の中の卵や雛を襲って食べてしまうカラスである。トビにとってもカラスが厄介者であることは同じで、巣の周りに近づいてきたカラスを追い払うのである。スズメはトビの巣に間借りすることで、同時に巣も守ってもらっていたというわけだ。トビのほかにもサシバ（*Butastur indicus*）やハチクマの巣にもスズメが巣を作ることが知られている。[14] これらの猛禽はスズメなどの小鳥が主要な獲物ではない。まったく食べないわけでもないので、間借りが危険と隣り合わせであることは間違いないが、それでも余りある利益があるのだろう。

そんなスズメも小鳥を主要な餌とするツミの近くでは営巣しない。この小型猛禽の近くで営巣するのがよく知られているのはオナガである。ツミは体の大きさが同じくらいのオナガを襲うことはあまりないからである。ここでもオナガはツミが共通の巣内捕食者であるカラスを追い払ってくれることを利用しているのである。東京近郊で行われた調査では、ツミの巣の周辺には平均六個のオナガの巣があり、その半分が二〇メートル以内に、七五パーセントが四〇メートル以内にあった。[15] しかも、ツミの巣から二〇メートル以内の巣はほとんどが無傷であるのに対して、四〇メートル離れると半分近くの巣が、八〇メートル以上になるとほとんどの巣が捕食にあってしまうというから、オナガにとってツミの威を借る効果は絶大である。

しかしながら、スズメやオナガが猛禽の威を借る方法がいつもうまくいくとは限らない。家主であるはずの猛禽に襲われてしまうこともたまにあるらしいので、「灯台下暗し」だと安心しているわけにもいかないようである。確率的にもっとありそうなのは、猛禽がなんらかの原因で防衛をやめてしまうことである。たとえば、猛禽の雛が小鳥の雛よりも先に巣立ってしまう可能性がある。そのため、小鳥は間借りするタイミングを誤らないようにする必要があるが、猛禽の抱卵および育雛期間は小鳥の二倍あるので、タイミングはそれほど難しくはなさそうだ。小鳥にとってどうしようもないのは、猛禽の巣が繁殖に失敗してしまうことである。強い風で猛禽の巣が飛ばされることもあるだろうし、カラスが集団で襲ってくれば猛禽も逃げ出すしかないだろう。

スズメとオナガの例は、猛禽を一方的に利用する片利的な関係であるが、近くに巣を作ることで小鳥と猛禽の双方が利益を得るという関係が、北欧で知られている。[16] ノハラツグミ（*Turdus pilaris*）という鳥はコロニーを作って繁殖し、カラスなどの巣内捕食者を集団で攻撃することが知られている。そのため、多くの小鳥がこのコロニーの中に好んで巣を作る。興味深いのは、ノハラツグミがコチョウゲンボウ（*Falco columbarius*）の近くにコロニーを作る場合があることである。この場合には、ノハラツグミにとってコロニーによる集団防衛とコチョウゲンボウによる防衛の両方の効果があることになるが、コチョウゲンボウにとってもまたノハラツグミによる防衛の恩恵を受けることになるのである。普通であれば、このツグミはサイズ的にも良い獲物となるはずであるが、コチョウゲンボウが襲うことは決してないらしい。

留鳥を指標にする夏鳥

冷温帯の森林で繁殖する鳥には一年中同じ地域に生息する留鳥と、春から夏にかけて繁殖のために南方より飛来し秋になると越冬のために南方へ飛去する夏鳥がいる。夏鳥は前年繁殖した場所に戻ってくる場合が多いことはよく知られているが、留鳥に比べて死亡率も高いために、縄張りを構えて繁殖する個体の約半分はその年にはじめて繁殖する個体である。このような個体にとってどの森林で繁殖するかは、その後の繁殖成功に大きな影響をおよぼすため、まさに一生に一度の最大の選択といっても過言ではない。滞在時間が非常に制約されている中で、できるだけ餌条件が良く天敵の少ない場所を選ばなければならないのである。しかも3章で述べたように、餌条件の良い時期は限られているため、わずかな繁殖開始の遅れが繁殖成功の大きな低下をもたらすことになる。このようなきびしい条件下での繁殖場所の選択を、夏鳥はいったいどのように行っているのであろうか。

私たちがはじめて訪れた旅先で食事をする店を探す場合を考えてみよう。ガイドブックがあればその情報を使うこともできるが、そこに掲載されているような店は観光地周辺に限られていて値段も高いものが多い。ガイドブックになくしかも値段が安くて美味しいお店を探すとなれば、やはり地元の人が頼りである。わざわざ尋ねなくても、地元の人で混んでいる店を選べば失敗することはないだろう。旅人が夏鳥であれば、地元の人は留鳥である。一年中生息していて林内の餌や天敵の事情に詳しい留鳥が数多く生息していれば、そこは夏鳥にとっても繁殖するのに適した林である可能性は高い。

そこで、夏鳥が留鳥の数を指標にして繁殖地を選んでいるという仮説を立て、それを野外実験によって確かめた研究がある。[17] 調査地の半分では人為的な給餌や巣箱設置によって留鳥であるシジュウカラ類の数を増やし、残りの半分では人為的にシジュウカラ類を除去した。場所の効果をなくすために、年によって操作区を入れ替えた。結果は予想通りに、除去区よりも増加区で、夏鳥の種類数や個体数は優位に高くなったのである。とくに、シジュウカラ類と同じ採食生態を持つ鳥、すなわち樹冠の枝葉から虫をつまみ取って食べる鳥においてその傾向は強かった。この結果は逆にいうと、留鳥の多様性や個体数の増加は、夏鳥を含めた鳥群集の多様性や個体数を相乗的に高める効果があるということになる。さらに、シジュウカラ類増加区を繁殖場所に選んだヒタキ類は除去区を選んだ鳥よりも早く繁殖を開始し、より多くの雛を育て上げることも示されている。ところが、シジュウカラ類が多いと夏鳥であるヒタキ類は巣穴を確保できずに繁殖成功率が低下することを、前章で紹介した。ヨーロッパにおけるこの二つの結果は、同じシジュウカラ類とヒタキ類との関係でありながら、まったく相反するものである。この結果の違いは、シジュウカラ類の密度の差によってもたらされたと考えられる。すなわち、シジュウカラ類の密度があまりに高くなると、巣穴資源をめぐる競争によってもたらされるマイナスの効果が、誘引されることによって得られたプラスの効果を上回ってしまうのである。

したがって、本章で見てきたように、混群を構成する鳥たちの関係、猛禽と近くに営巣する小鳥との関係、夏鳥と留鳥の関係のいずれにおいても、誘因関係と敵対関係は「諸刃の剣」のようなものであり、どちらに転ぶかは状況次第だということになりそうである。

6章
森が変われば鳥も変わる

6・1　地理的歴史が鳥を変える

氷河期がもたらす種分化

六五〇〇万年前にはじまる新生代第三紀には、日本列島はまだ完全に大陸の一部を構成しており、地球上の気候はまた現在に比べるとずっと温暖であった。やがて大陸から切り離され現在の日本列島に近い形となった第四紀（約一七〇万年前）には気候は寒冷化し、少なくとも四回の大氷河期があったことがわかっている。氷期には北半球の広い範囲が氷河とツンドラにおおわれたために、高緯度地方の森林は温暖な南の地方に追いやられ、氷期が終わると氷河の後退とともに再び北上した。現在ユーラシア大陸の各地域に見られる森林植生は、このような氷期の影響を経て形成されてきたものである。たとえば、落葉広葉樹林は日本を含むアジア東部とヨーロッパの中西部に分布するが、植物の多様性はアジア東部で圧倒的に高い。たとえば、落葉性の樹種の数は、ヨーロッパ全体で一〇〇種に満たないのに対して、アジアでは日本だけでも四〇〇種を優に超える。落葉広葉樹の天然林内で見られる樹種数においても、ヨーロッパでは一〇種あまりであるのに対して、日本では三〇種を超える。この東西間の違いはアジア東部がヨーロッパ中西部ほど氷期の影響を受けなかったからである。その理由としてまず、氷期においても東アジアではヨーロッパほど気温が低くならず氷河の発達が弱かったことがあげられる。そのため、森林の南下もわずかな距離の移動ですみ、最終氷期のときの日本列島では、落葉広葉樹林が本州中部以南に南下した程度で、針葉樹林は北海道にも分布していた。また、東アジアには、アルプス山脈のような

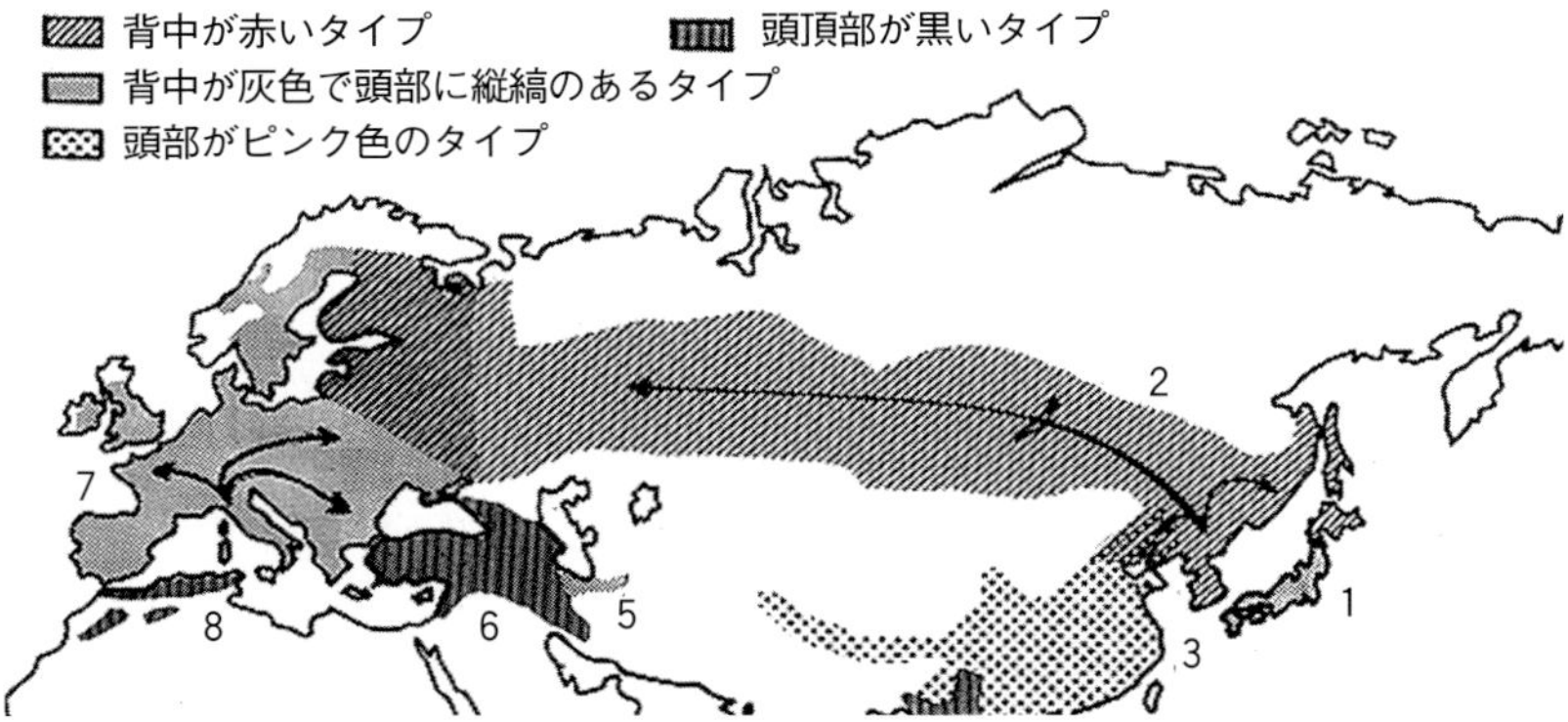

図 6-1　ユーラシアにおけるカケスの亜種の分布。1は日本固有亜種、2は北海道に生息する大陸と共通の亜種。矢印は、氷期に中国東北部（2）と地中海周辺（7）に分布していた亜種が、氷期が終わって現在までに分布を拡大してヨーロッパ東部で重複していることを示している（Hino 1990 より）。

移動途中の障壁や移動の南限となるサハラ砂漠のような乾燥地帯がなかったため、多くの植物種が絶滅せずに生きながらえることができた。とくに日本の森林の林床を優占するササ類をはじめとする南方系の植物にとってその効果は大きかった[1]。

森林性の鳥たちもまた、棲みかである森林の移動にともなって南下と北上を繰り返してきた。ユーラシア大陸の中央部にはアルタイ、パミール、ヒマラヤ、チベットと標高の高い地域が存在するため、氷期にはこの地域を挟んで日本を含むアジア東部と地中海周辺域に森林が分断され、鳥の生息地もそれぞれに分断された。隔離期間が長いと、それぞれの地域で鳥の固有化が進み、氷期が終わって再び分布を拡大して出会ったときには、交配できないほどに分化してしまうことが起こる（図6-1にはカケスの亜種の分化の様子が示してある）。分布の重複している地域や度合いはさまざまであるが、このような種分化のプロセスによってユーラシア大陸の東西間で分布が置換していると思われる種の組み合わせが現在数多く存在する。わが国の森林に生息するものとしては、ムクドリ、ビンズイ（*Anthus hodgsoni*）、ウグイス、カワガラス（*Cinclus pallasii*）、キジバト（*Streptopelia orientalis*）、ヨタカ、ウズラ（*Coturnix japonica*）などは、その可能性のある代表的なもので、それぞれの種に対応する種がヨーロッパにも分布している。また、日本の森林には、コムクドリ、ノジコ（*Emberiza sulphurata*）、クロジ（*E. variabilis*）、ヤマガラ、アカハラ（*Turdus chrysolaus*）、コマドリ（*Erithacus akahige*）、アオゲラ、コゲラ、ヤマドリのように日本列島起源と思われる固有あるいは半固有種が数多く生息する。これは、第四期に入ってから間氷期には大陸から隔離され、しかも氷期にも森林が残存したために、鳥が列島内に生息し続けていたことを示している。日本列島は大陸との接続と分断を繰り返していたため、日本の固有種となっている鳥の多くは、周辺域にも分布していたものが絶滅した結果、列島内にだけ残った「異存固有」とよばれるタイプのものが多いと考えられている。

南西諸島を除く日本列島は、動物相の生活型の類似性や系統上の近縁性にもとづいて、ユーラシア大陸のほとんどとアフリカ大陸の一部と同じ「旧北区」という動物地理区に属している。しかしながら、同じ日本列島にあっても、北海道には本州以南に生息しない種が多く生息している。森林に繁殖する鳥では、ギンザンマシコ（*Pinicola enucleator*）、シメ（*Coccothraustes coccothraustes*）、ハシブトガラ、エゾセンニュウ（*Locustella fasciolata*）、ヤマゲラ、コアカゲラ（*Dendrocopos minor*）、シマフクロウ（*Ketupa blakistoni*）、エゾライチョウなどが該当する。これらの鳥はいずれもユーラシア大陸の一部あるいは広い範囲に分布する北方系の鳥である。逆に、東北地方にまでは分布しているが北海道には分布しない森林性の鳥もいる。ノジコ、サンコウチョウ（*Terpsiphone atrocaudata*）、サンショウクイ、アオゲラ、ブッポウソウ、ヤマドリなどは、そのような鳥の例である。いずれも氷期に本州以南に分布していた森林を生息場所としていた鳥たちであると考えられ、日本固有種になっているものが多い。とくにヤマゲラとアオゲラは津軽海峡を挟んで置換種となっており、カケスやエナガでも北海道の亜種は大陸の亜種と共通であり、本州以南の亜種とは羽の色や模様が違っている（図6－1）。

この北海道と本州以南の鳥類相の違いは、最終氷期以降の地史と関連づけることができる。最終氷期以前には現在の日本列島をとり囲む宗谷・津軽・朝鮮のいずれの海峡も閉じていたため、この時期には北方系の鳥がサハリンや朝鮮半島を通じて日本に侵入し、北海道と本州の間も自由に往来していたと考えられる。津軽海峡と朝鮮海峡は最終氷期最盛期（約二万～一万八〇〇〇年前）直後の海水面上昇によって開き、その結果北海道と本州および本州と大陸は分断されることになった。したがって最終氷期のときに、本州以南の地方に南下していた種や、朝鮮半島経由で入ってきた種の中には、津軽海峡を越えて分布を北に広げることができなかったものが多かったに違いない。ところが宗谷海峡が開くのは遅く（約一万二〇〇〇年前）、北海道はそれまでサハリンを通じて大陸とつながっていたため、この時期に北方から北海道に入ってきた種の多くは、逆に津軽海峡を越えて南には分布を広げられなかったと考えられる。津軽海峡は鳥以外の多くの生物種においても分布の重要な境界線となっており、「ブラキストン線」と名付けられている。

島における種分化

島は海によって他の地域と隔離されるため、固有種が生じやすい。奄美大島以南の南西諸島や琉球列島は、インド、中国南部、東南アジアなどの地域が含まれる「東洋区」という生物地理区に属する。屋久島以北の日本列島に生息する多くの種が、トカラ海峡を通る「渡瀬線」を境に見られなくなる一方で、これより南では台湾や中国南部に分布するシロガシラ（*Pycnonotus sinensis*）、ズアカアオバト（*Sphenurus formosae*）、ミフウズラ（*Turnix suscitator*）、カンムリワシ（*Spilornis cheela*）などが見られるようになる。しかし、なによりもこの地域の鳥類相の特徴は、ルリカケス、アカヒゲ（*Erithacus komadori*）、ノグチゲラ（*Sapheopipo noguchii*）、アマミヤマシギ（*Scolopax mira*）、ヤンバルクイナ（*Gallirallus okinawae*）といった森林性の日本固有種が多く見られることである。南西諸島や琉球列島は、かつてユーラシア大陸および日本列島と陸続きであったものが、第四紀に入って分離が進み古くから独立した結果、多くの固有種が生まれたと考えられる。リュウキュウカラスバト（*Columba jouyi*）、ミヤコショウビン（*Halcyon miyakoensis*）のように固有種でありながら、すでに絶滅した種も知られている。日本列島、南西諸島、琉球列島はいずれも、大陸と陸続きであったものが分離してできた「大陸島」である。それに対して、小笠原諸島や伊豆諸島のように火山活動等によって海洋上に形成され、大陸と一度も陸続きになったことがない島を「海洋島」とよぶ。小笠原諸島には現存種としてメグロ、絶滅種としてオガサワラカラスバト（*Columba versicolor*）、オガサワラマシコ（*Chaunoproctus ferreorostris*）、オガサワラガビチョウ（*Cichlopasser terrestris*）などの固有種が知られている。日本国内の島で見られる各諸島の固有種もまた、列島内で見られるものと同様、異存固有種と考えられている。その証拠に伊豆諸島の固有種と考えられていたイイジマムシクイ（*Phylloscopus ijimae*）とアカコッコ（*Turdus celaenops*）が、最近南西諸島のトカラ列島内でも繁殖するのが確認されている。

島では適応放散とよばれる過程を通して、新しい種を生じる場合がある。[2] 大陸島であるマダガスカル島に生息する一五種のオオハシモズ科の鳥たち（最近の遺伝的分析により、同科に属すると推定されたニュートンヒタキ類を含めると一九種）は、体長が一三センチメートルから三二センチメートルまでの違いがあり、その嘴は長く曲がったものから縦に分厚いものまでさまざまで、まるで雑貨屋の店頭に並んだニッパー、ペンチ、プライヤーなどの工具を見るようである（図6-2、図6-3）。近縁であるにもかかわらず、これほどまでに分化してしまったもっとも大きな理由は、この島が一億六〇〇〇万年ほど前にアフリカ大陸から切り離されて以降、氷河期にも一度も大陸とつながることなく孤立状態を保ってきたからである。日本列島が氷期ごとに大陸とつながり、最後に切り離されてから一万二〇〇〇年しかたっていないのとは大違いである。一億六〇〇〇万年前といえば、鳥は始祖鳥でさえ出現していない時代であるから、マダガスカルに現在生息する鳥たちはすべて、なんらかのきっかけで他の大陸から飛来して、定着できた鳥を祖先とする種類である。大陸では普通に見られるキツツキ、シジュウカラ、ゴジュウカラ、モズ、ホオジロ、アトリといった鳥のグループがこの島にいないのは、一度も飛来しなかったか、飛来しても定着に失敗したのであろう。

餌をとるのが動物の一つの仕事だとすれば、大陸では埋められていた仕事のポスト（専門的には「生態的地位」という）の多くが、マダガスカルの森林内には空席となっていたのであろう。あいているい仕事のポストがあれば、埋められるように進化していくのが自然界のルールであり、適応放散と

上：図 6-2
マダガスカルで適応放散したオオハシモズ類の鳥たち（山岸編 2002、京都大学学術出版会『アカオオハシモズの社会』より転載）

右：図 6-3
作業の違いに応じて使い分けるニッパー、ペンチ、プライヤーなどのさまざまな形をした工具の刃。オオハシモズ類もまた、嘴の形に応じて利用する採食テクニック、餌の種類、餌を取り出す樹木部位などが種間で違うと考えられる。

よばれている。そういったわけで、幹を上下して餌を探し回るゴジュウカラのポスト、枝先にぶら下がったり飛びついたりして餌をとるシジュウカラのポスト、幹の皮をはぎとったりつついたりして木の中にいる虫をとり出すキツツキのポスト、地面近くの獲物を狙いすましたようにして飛びかかるモズのポストなどが、同じ祖先種の鳥によって占められることになったのである。種間の嘴の違いは、それぞれの仕事を効率的に行うための適応の結果なのだ。遺伝的な分析の結果、オオハシモズの祖先種がマダガスカルに侵入したのは、三〇〇〇万年から一五〇〇万年くらい前だと推定されている。始祖鳥が出現した年代のことを考えれば、つい最近とも思える期間であるが、これくらいの期間であっても、生物はこれほど劇的に変われるのである。

海洋島での適応放散の例としては、ガラパゴス諸島のガラパゴスフィンチ類やハワイ諸島のハワイミツスイ類が有名である。最初の鳥が飛来したのが、前者で約二〇〇万年前、後者で三五〇〇万年前とされており、隔離されていた期間はマダガスカル島のオオハシモズ類とほぼ同じである。ところが、オオハシモズ類のすべてが節足動物か小型爬虫類のような動物食であるのに対して、ガラパゴスフィンチ類やハワイミツスイ類では、昆虫食のほかに種子食、花蜜食、果実食といったポストも獲得しているのはなぜだろうか。これは創設者となった鳥が、前者では昆虫食、後者では種子食の鳥であったということが関係しているのかもしれないし、前者が一つの大陸島、後者が多くの小さな島が点在する海洋島であったことが関係しているかもしれない。すなわち、昆虫食から植物食への変化は、その逆よりも起こりづらいのかもしれないし、多様な島環境への適応によって食性の多様化が促進されたのかもしれない。しかし、形態の多様化はマダガスカルでもっとも大きく、これは種間での競争によって分化が促進された可能性が高い。

キツツキは飛翔力が弱いためか、そのポストは森林の中で重要な位置を占めているにもかかわらず、島ではしばしば空席になるようだ。マダガスカルには、長い嘴を持つハシナガオオハシモズ（*Falculea palliata*）、ガラパゴスにはとがって頑丈な嘴を持つキツツキフィンチ（*Camarhychus pallidus*）、ハワイには上が長くて下が短い嘴を持つカワリハシミツスイ（*Hemignathus wilsoni*）のように、それぞれに特徴的な嘴を使って、樹皮をはがしたり侵入穴をこじ開けたりして虫をとり出して食べる。しかし、キツツキのような長い舌までは発達させていない。ハシナガオオハシモズとカワリハシミツスイは長い嘴で箸のようにつまんで虫を穴から引き出すことができるが、キツツキフィンチはそれをやるには嘴が短すぎる。そこで、この鳥がなにをやるかというと、サボテンのトゲや小枝を嘴にくわえて、それを爪楊枝のように突き刺して虫をとり出すのである。世界でも数少ない道具を使って餌を捕まえる鳥である。

しかし、鳥における適応放散は、なぜ世界中の数ある大陸島の中でマダガスカル島にだけ、数ある海洋島の中でガラパゴス諸島とハワイ諸島にだけ起こったのだろうか。地史的な隔離の長さでいえば、おそらく小笠原諸島もさして変わらないはずである。すでに絶滅していないが、オガサワラマシコはなぜダーウィンフィンチやハワイミツスイになれなかったのであろう。島への飛来が遅かった、火山爆発が頻発して環境が不安定だった、環境の多様性が低かったなど、根拠のない推理はいくつも可能であるが、真相は謎のままである。

6・2　森の形が鳥を変える

森林タイプで鳥が変わる

国内に自然分布する森林には大きく分けて、針葉樹林、落葉広葉樹林、常緑広葉樹林がある。分布は大まかに年平均気温によって決まり、緯度や標高によって分かれている。[3] そして、鳥にも森林の好き嫌いがあるようで、それぞれの森林タイプで観察される鳥はかなり違う。たとえば、針葉樹林と切っても切り離せない関係にある鳥として、主に冬鳥として訪れるイスカ（*Loxia curvirostris*）がいる。この鳥の嘴は、先が上下に食い違うように交差しており、これを松かさの鱗片の隙間に入れてこじ開け、中の種子を食べる。ヒガラの嘴は他のカラ類に比べて細く、やはり松かさから種子をとり出すのに適しているが、広葉樹林でも数多く見られ、イスカのように針葉樹に完全に依存しているわけではない（4章）。ほかに、キクイタダキ、メボソムシクイ、ルリビタキ、サメビタキ、ウソ（*Pyrrhura pyrrhura*）、マヒワ（*Cardueris spinus*）、ホシガラスなどは、繁殖期に国内の針葉樹林でとくに目につく鳥たちである。

落葉広葉樹林には、シジュウカラ、ゴジュウカラ、センダイムシクイ、コルリ、キビタキ、イカル（*Eophona personata*）、シメ、カケスなどがいる。針葉樹林の鳥を対照させてみると、科が同じ近縁な鳥がそれぞれにいることがわかる。シジュウカラは体がひと回り大きい分、ヒガラのように針葉の中を動き回るのは不得意そうである。カケスの太い嘴はドングリを食べるには都合がよさそうであるが、ホシガラスのように松かさから種子をとり出すのは難しそうだ。このように鳥の持つ形態や行動から、好む林が説明できる場合もあるが、そうでない場合も多い。たとえば、メボソムシクイとセンダイムシクイは、外見がそっくりであるにもかかわらず、生息する森林は違っている。常緑広葉樹林で見られる鳥は、落葉広葉樹林とそれほど大きな違いはないが、南方系のヒヨドリ、メジロ、サンショウクイ、ヤマガラ、サンコウチョウ、アオバト（*Sphenurus sieboldii*）などの数が多くなり、とくに花蜜や果実を食べる鳥が加わるのが特徴的である。

森林タイプに依存した鳥の分布は、標高にともなう分布の違いをもたらす。たとえば、落葉広葉樹林－針広混交林－針葉樹林と標高が上がるにつれて変化する植生に対応して、コルリ－コマドリ－ルリビタキやコサメビタキ－サメビタキのように近縁種間で分布を違えている。植生への依存度に加えて、種間競争もまた影響をおよぼす。たとえば、北海道ではセンダイムシクイは落葉広葉樹林帯に、エゾムシクイ（*Phylloscopus borealoides*）は上部の混交林から針葉樹林にかけて多く生息する。ところが、本州では別の同属種メボソムシクイが針葉樹林帯に生息する結果、センダイムシクイが落葉広葉樹林帯に多いのは変わらないが、エゾムシクイは両種にはさまれて混交林帯の狭い範囲に閉じ込められる。この場合には、エゾムシクイの分布の決定には他種との競争の可能性が示唆される。また、同じ種でも北に行くほど分布する標高が低くなるのも特徴である。たとえばカヤクグリ（*Prunella montanella*）は、本州の中央山岳地帯では一八〇〇メートル以上でないと見ることができないが、北海道では大雪山で一四〇〇メートル、知床にいたっては一〇〇〇メートルで見ることができ、この分布の低下は主な生息地であるハイマツ林帯の分布と対応している。

大きな森には多くの鳥が棲む

海の上にはさまざまな大きさの島があり、大陸からの距離もさまざまである。一般に、小さな島よりも大きな島で、大陸から離れた島よりも近い島でたくさんの種類の鳥が生息する。たとえば、南西諸島では、互いに隣り合っていても面積の小さい喜界島よりも面積の大きい奄美大島で多くの種が見られるだろうし、同じ大きさの島ならば小笠原諸島の島々よりも伊豆諸島の島々で多くの種が見られるだろう。このような島における生物の生息種数の違いは、理論的には新しい種が移入してくる速さと先住していた種が絶滅する速さの釣り合いで決まると説明される。[4] 小さな島になるほど生息可能な環境や餌量が少なく、種間競争がきびしくなるために絶滅率が高くなり、一方、遠い島ほど大陸や本土からの移入率が低くなるからである。

森林を陸地の島と置き換えると、海洋上の島と同様の関係が期待される。とくに最近では、都市開発や伐採にともなう森林の分断・孤立化が生物の種数や個体数におよぼす影響が注目されており関心も高い。予想通りに、面積の大きな森林ほど一般に生息する鳥の種数が多くなる（図6－4）。とくに、留鳥よりも夏鳥、小型種よりも大型種、種子食や雑食よりも昆虫食の鳥において、森林の面積が小さくなるといなくなる傾向が高い。[5] いずれも後者のタイプの種のほうが広い面積の縄張りを必要とするために小さな林に定着できないか、定着できても個体数が少ないために消失する確率が高いからである。この三〇年ほどの間に、国内外で夏鳥が急速に減少している。越冬地である熱帯林の消失がその原因の一つとして考えられているが、もう一つの重要な原因として繁殖地である温帯域での森林の分断化があることは間違いない。

このような鳥本来の性質に加えて、他の生物との相互作用が小林地での鳥の種数の減少をもたら

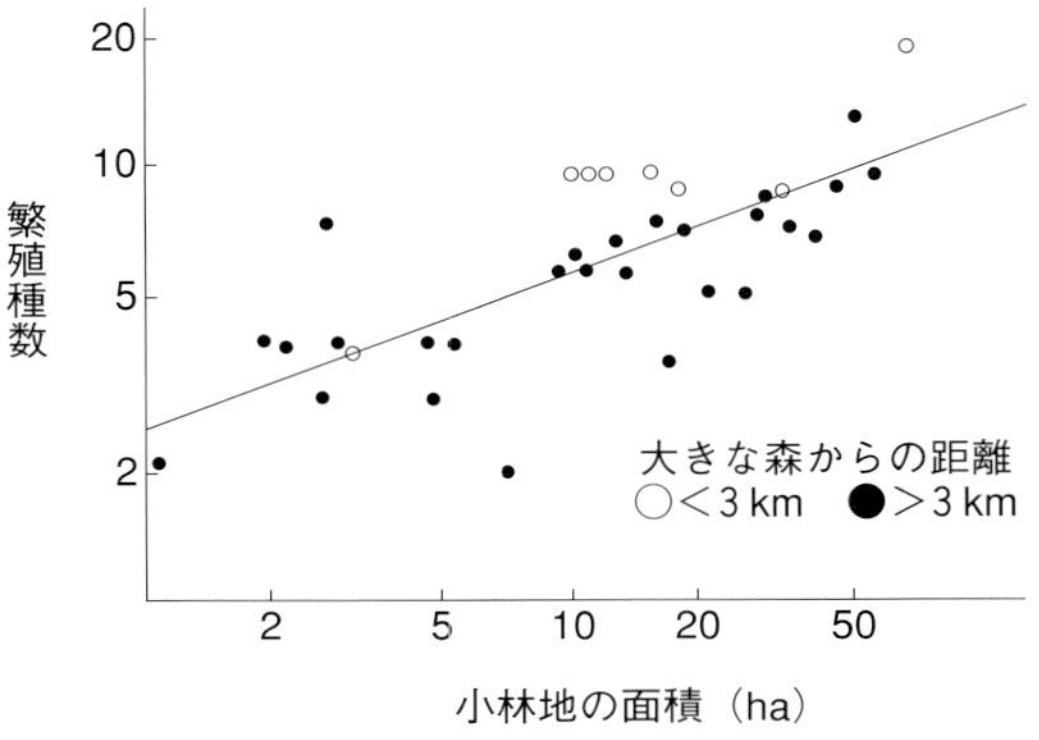

図 6-4　オランダの小林地における鳥の種数と面積との関係および大きな森林からの距離との関係（Opdam et al. 1984 より）

している。その証拠として、樹洞に巣を作る鳥よりも皿形のオープンな巣を作る鳥のほうが、また高い場所に巣を作る鳥よりも低い場所に巣を作る鳥のほうが面積縮小の影響を受けやすいことがあげられる。[6] これは後者のタイプのほうが巣内捕食にあいやすく、小さな林ほどその危険性が高くなるからだと考えられる。林が小さくなるほど林の面積に対する周りの長さの割合、すなわち林縁部分が大きくなり、林外を主要な活動の場としている外敵と森林に生息する鳥との接触が増えるためである（図6-5）。たとえば、国内での巣内捕食の主犯格であるハシブトガラスは小さな林ほど多くなるし、猫や犬などもまた周囲の人的環境から容易に侵入するようになる。

このような捕食者の影響に加えて、北米でとくに大きな影響を与えているのが、コウウチョウによる托卵である（4章）。この鳥はもともと開けた環境に棲む鳥の巣に対して托卵していたのが、森林の分断化にともなって森林に棲む鳥の巣に対しても無差別に托卵するようになった。付き合いの歴史が短いこともあって、托卵される

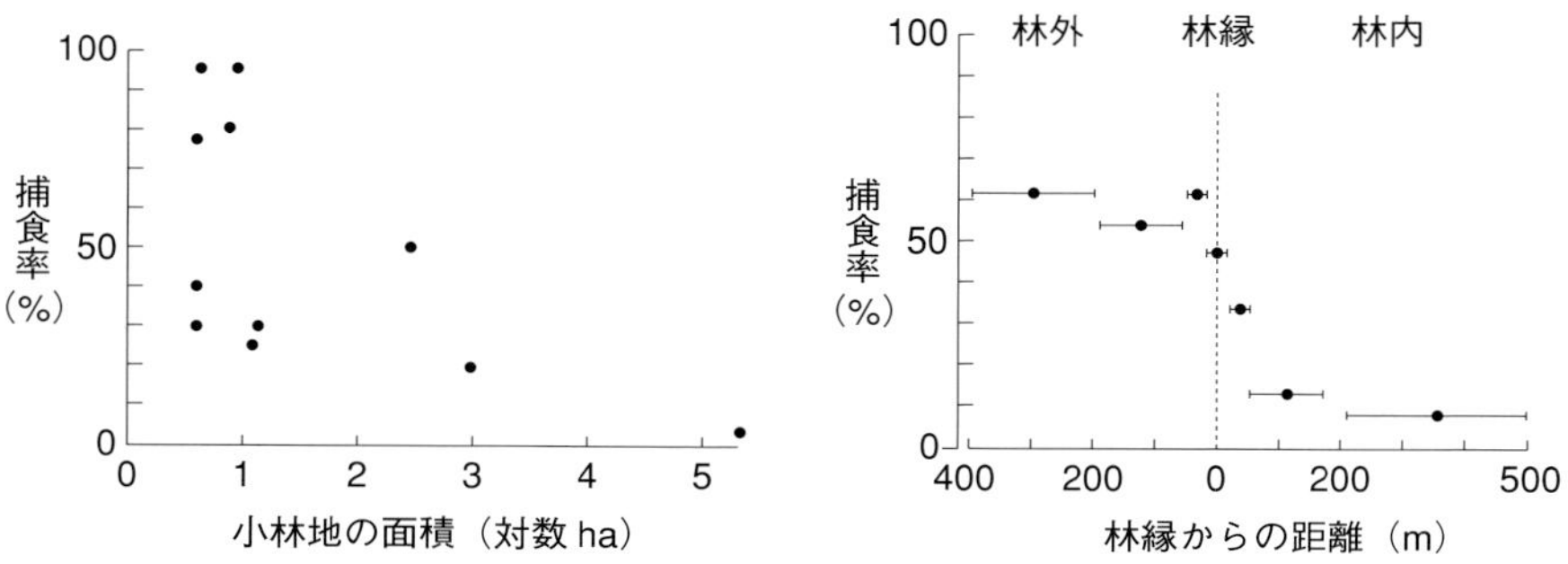

図 6-5　左：北米の小林地における鳥の巣内捕食率と面積との関係。右：鳥の巣内捕食率と林縁からの距離との関係（Andren & Angelstam 1988 より）

側の多くはあまり効果的な対抗策を発達させていない。共存型の托卵で自分の雛の何割かは巣立たせることができるので、次善の策として托卵を受け入れはするものの、個体数の減少を余儀なくされている種も多い。日本の托卵鳥は四種のうち三種は森林性の鳥のため分断化によって個体数が減少してしまう側の鳥であるが、カッコウだけはモズ、ホオジロ、オナガなどのように林縁を選好する鳥に対して托卵する。托卵されはじめたばかりのときにオナガの個体数が急激に減少したように、カッコウによる托卵は特定の種に対して一時的な減少をもたらしはするものの、コウウチョウのように森林全体の種数を減少させることはない。またハエの幼虫やノミなどの外部寄生虫による雛の死亡もまた、林縁での寄生虫あるいはその媒介動物との接触の増加によってもたらされている危険性が高い。さらには、林縁は日射や乾燥が内部よりも強いために、林冠の食葉性昆虫や地表や土壌中の無脊椎動物の数が少なく、鳥の餌となる資源量が少ないという可能性もあるだろう。

　小林地を島、山林のように広範囲にひと続きになっている部分を大陸と考えれば、山林からの距離が大きくなるほど小林地に生息する鳥の種数が減少するという予想を立てることができる。オランダの農耕地内の小林地においては、大きな森林から三キロメートルを超えるかどうかで鳥の種数に差が生じることが報告されているが（図6－4）、海洋上の島で見られるほどの明確な関係はあまり知られていない。海上の島に比べて距離のスケールが小さいこともあるだろうし、空を飛べる鳥にとって多少の距離であれば森林の分断はさほど移動の制限要因とはならないのだろう。ただし、飛翔能力の低い鳥の場合は話は別である。このような鳥にとっては、小林地が飛び石状になっていたり島間を結ぶベルト状の林があれば、移動分散が促進されるに違いない。また、森林の島では、周囲の環境の種類（農耕地、草原、住宅地など）によっても大きく影響を受けるので注意が必要である。

複雑な森には多くの鳥が棲む

森林という環境が持つもっとも大きな特徴は、草本層、低木層、高木層の三層からなる垂直構造を持つことである（図6－6：高さの分け方に明確な基準があるわけではないが、一・五メートル以下、一・五メートルから五メートル、五メートル以上が、それぞれの層の大まかな目安である）。この特徴自体がまず、一層構造の草原や二層構造の低木林よりも森林が階層構造の複雑な環境であり、より多くの鳥が生息できることを意味している。国内の各地の森林で繁殖する鳥の種類数（二〇種から四〇種）が、一般に、草原での種類数（七種から一三種）の約三倍であることは、この階層の数で大まかに説明できる。同じ森林であっても、落葉広葉樹の天然林のように高木層、低木層、草本層のいずれの層も同程度に発達した階層構造の複雑なものもあれば、スギやヒノキの人工林のように高木層のみしか持たないような単純なものもある。後者は植生の種類としては森林であっても、環境構造の複雑さからいえば、草原と同じ一層構造に近い。

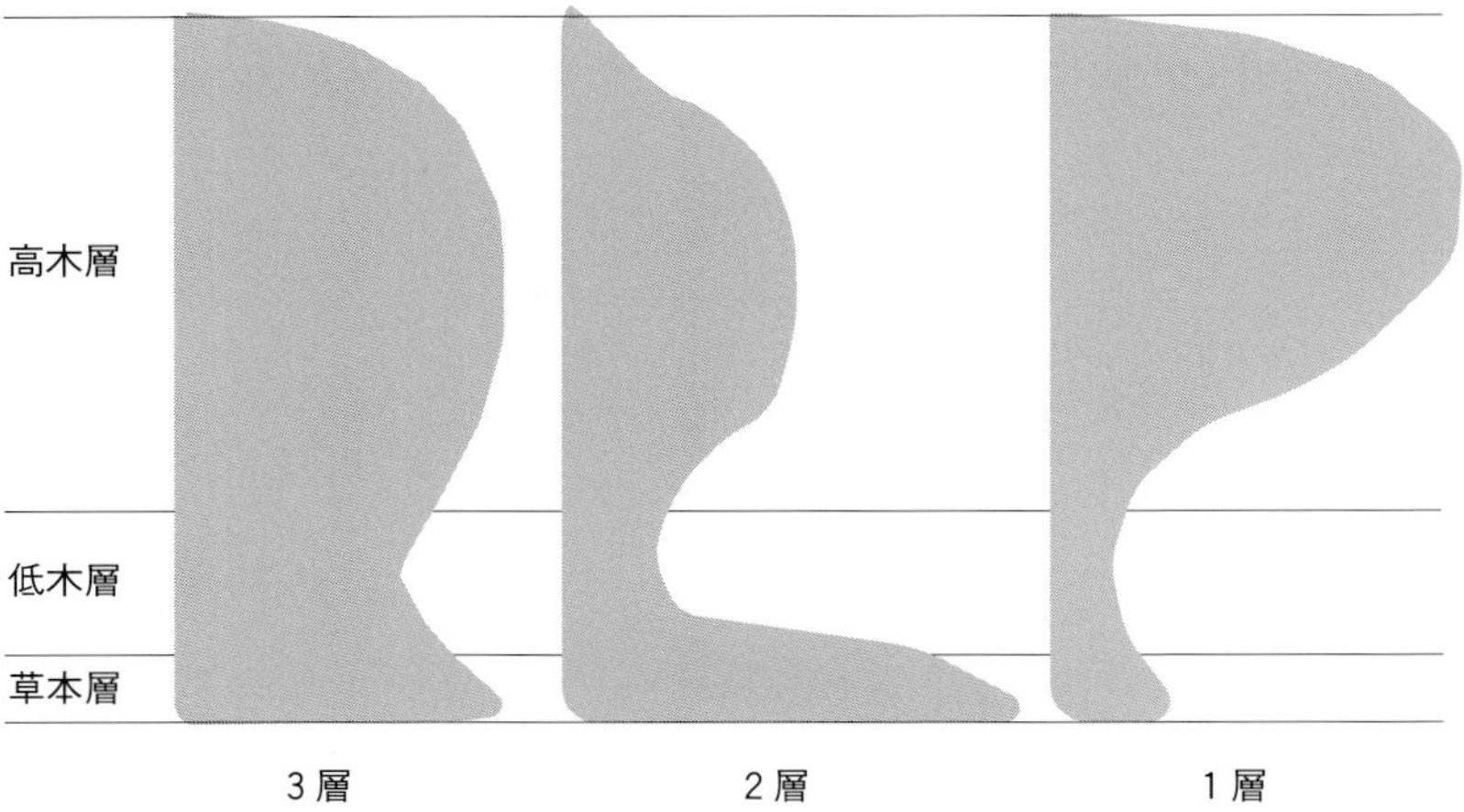

図 6-6　森林の植被の典型的な垂直分布の３タイプ。右のタイプの森林ほど階層構造が単純になり、生息する鳥の種類も一般的に少なくなる。

一般に、草本層、低木層、高木層の各階層に均等に植被が発達している森林ほど、生息する鳥の種類数が多くなることが知られている。[8] 各階層の植被の量は、餌や営巣場所などの資源量や捕食者からの被蔽効果の間接的な指標とみなすことができる。それが均等に分布することで、各階層で餌をとったり巣を作る鳥が、バランスよく生息することができるようになると考えられる。また、同じムシクイ類のウグイスは草本層でセンダイムシクイは樹冠層、ヒタキ類のオオルリは高木層でキビタキは低木層というふうに、利用する空間の違いによって近縁な種どうしの共存も促進される。単一樹種の林であっても、若齢林よりも壮齢林で、人工林よりも天然林で、いろいろな種類の鳥が見られるようになるのは、後者のほうが森林の階層構造が複雑だからである。

それでは、各階層に植被が均等に分布するということは、生態学的にどのような意味を持つのだろうか。まず第一に、森林の健全性と関連づけることができる。高木層が密であれば、地表にまで届く光の量が少なくなるため草本層は疎になるし、逆に高木層が疎であれば草本層は密になるのが普通である（図6－6）。高木層が密すぎても草本層が密すぎても、樹木実生は健全に生育できないので、低木層は発達しないだろう。つまり、植被が各階層に均等に分布しているということは、各階層の植被の量がほどほどだということであり、それは天然更新が健全に行われている結果だと考えられるのである。また、植被の量がほどほどであれば、鳥の採食行動においてもなにかと都合がよいと考えられる。たとえば、国内の森林において草本層を構成する植物の代表はササであるが、ササが密生した環境が好きな鳥はウグイスやヤブサメ（*Urosphena squameiceps*）くらいであろうか。藪を好むコルリなどの小型ツグミ類は下枝から地上にいる虫に飛びかかり、アオジ（*Emberiza spodocephala*）などのホオジロ類やアカハラなどの大型ツグミ類は地上を飛び跳ねながら餌を探すので、ササ藪の中にある程度の空間が必要である。同じように、樹冠内の枝にとまって飛んでいる虫を飛びついて捕らえるキビタキなどのヒタキ類や待ち伏せして小鳥を襲うハイタカなどの猛禽類にとっても、樹冠内にある程度の空間が必要であろう。

樹種構成もまた、森林の構造を形作るうえで重要な要因である。植被の垂直分布が森林全体の外観的な構造を形作るのに対して、樹種構成は森林内のよりきめの細かい構造を作り出す。先に針葉樹林と広葉樹林に特徴的な鳥を紹介したが、針広混交林では両方のタイプの森林に適応した種類の鳥が共存可能になると予想される。たとえば、広葉樹林に針葉樹がわずかに混じるだけで、針葉樹を好んで利用するキクイタダキやマヒワなどが観察できるようになる。

それでは、ブナの純林とカエデなどの他の広葉樹が混じる森林では、どちらでより多くの種類の鳥が見られるであろうか。3章と4章で見てきたように、樹冠で葉についている虫をとる方法には大きく分けて二つある。枝にとまったりぶら下がった状態で葉にいる虫を嘴でつまみ取る方法と、葉にいる虫に向かって飛びついてとる方法である。前者は主にシジュウカラ類、後者はムシクイ類やヒタキ類が行うが、両者で利用する樹種の選び方が違う。つまみ取り型のシジュウカラ類は、餌条件が同じであればブナのように葉柄が短くて水平方向に出ている種類の木よりも、カエデのように葉柄が長くて垂直方向に出ている種類の木をよく利用する。繁殖期の主要な餌であるイモムシは葉の下面にいることが多いので、カエデ型の木のほうが餌を探しやすくまたとりやすいからである。一方、飛びつき型の鳥のほうは、そのような枝葉の付き方に左右されず、どの樹種も同じように利用する。それならば、カエデの純林がシジュウカラ類にとってはいいのかといえばそうではない。同じシジュウカラ類でも、体のもっとも小さなヒガラは飛びつき型の採食をよく行い、ブナ型の木からも餌をとる。それによって、体が大きくて競争的に強いシジュウカラやヤマガラなどと共存できる可能性が高くなるのである。また、虫の発生や種子の生産は樹種ごとに年変動パターンが違うので、複数の樹種の混じる広葉樹林のほうが餌資源が毎年安定に供給され、異種の共存が維持されるに違いない。

このように森林の構造を決める植被の垂直分布と樹種構成のどちらの要因も複雑なほうが、生息する鳥の種多様性も高くなることがわかる。では、それぞれの要因は森林性の鳥の群集構造を形作るうえでどのような機能を持っているのだろうか。札幌近郊の防風林で行った鳥の個体数調査の結果をもとに、主に利用する高さの階層によって鳥をグループ分けし、そのグループごとに種数と密度がどのような植生要素と関係があるかを調べた[10]。その結果、どの鳥のグループについても、個体数は営巣や

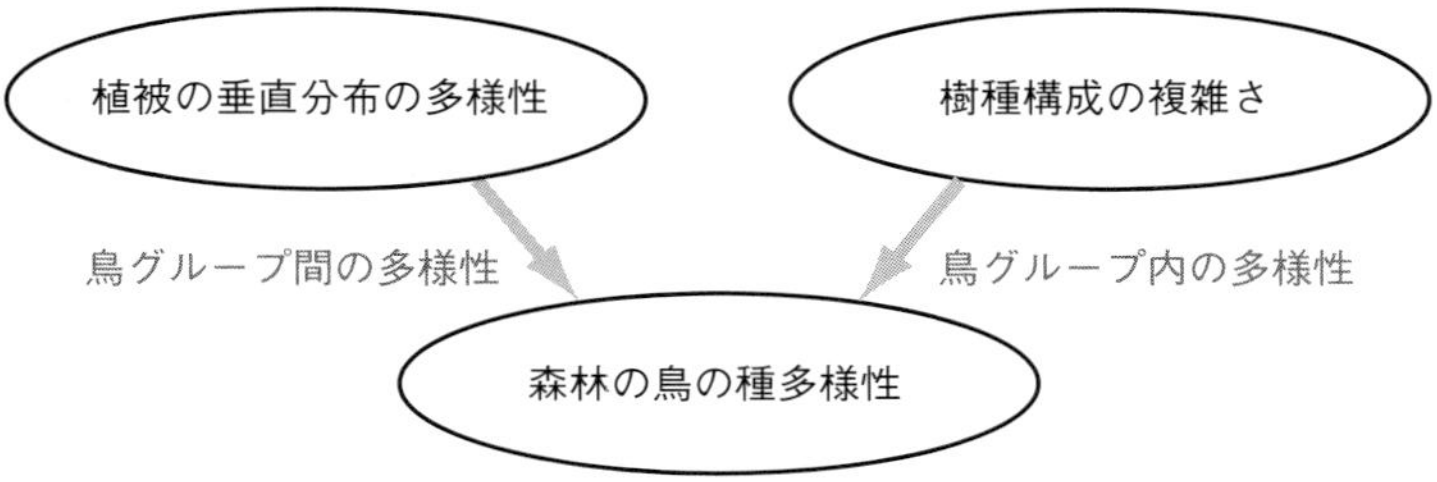

営巣グループ別の鳥の密度と種数と植生要因との関係（P＜0.05）

	密度			種数		
	高樹冠	低樹冠	草本・地上	高樹冠	低樹冠	草本・地上
植被密度						
高木層	＋			＋		
低木層		＋				
草本層			−			
平均胸高直径	＋					
葉層多様度		＋			＋	
樹種均等度		＋		＋	＋	＋

図 6-7　上：植被の垂直分布の多様性と樹種構成の複雑さは森林の鳥の種多様性にどのように影響するか。下：札幌近郊防風林で繁殖する鳥群集について解析された営巣グループ別の密度および種数と植生要因との関係。＋：有意な正の関係、－：有意な負の関係（Hino 1985 より）

採食を主に行う階層の植被の量によって決まり、種数は樹種構成の複雑さによって決まっていることがわかった。つまり、鳥のグループ間の多様性は植被の分布によって、グループ内の多様性は樹種構成によって決まっていると考えられた（図6－7）。鳥の種多様性を説明するのに植被の垂直分布と樹種構成のどちらが重要かがかつて議論になったことがあったが、影響の仕方が違うだけでどちらも重要なのである。

川のある森には多くの鳥が棲む

農耕地や住宅地に囲まれる森林では、周囲との境界すなわち林縁の部分が大きいほど、捕食や寄生の影響によって森林の鳥類群集の多様性を低下させることは、すでに述べた。ところが、森林の中を流れる渓流は蛇行して森林との境界部分が大きくなるほど、多くの種類の鳥が生息するようになる。[11] カワガラス、キセキレイ（*Motacilla cinerea*）、カワセミ（*Cinclus pallasii*）、シマフクロウなどのように川そのものに餌や巣場所を依存している鳥が棲みつくのはもちろんのこと、蛇行した川の周辺では植生構造が複雑になり、かつ食物資源が豊富になるからである。とくに、秋から春先にかけて羽化するユスリカやカゲロウなどの水生昆虫は、一年中森林に生息する留鳥や春先に渡ってきたばかりの夏鳥にとって非常に重要な餌資源となる。陸上では初夏から夏にかけて日射量と気温が上昇するにともない、樹木は活発に光合成を行うために新しい葉を出し、それに合わせて鳥たちの餌となる食葉性の昆虫の数が増加する。秋も深まり日射量と気温が低下しはじめると、落葉樹は葉を落としはじめ陸上の虫は数が減少していく。ところが、水生昆虫にとってこの季節は、成長するには格好の時期なのである。なぜならば、餌となる落葉が大量に供給され、また樹冠があくことで藻類の光合成も活発になるからである。その結果、冬場から交尾産卵のために羽化する水生昆虫が増加することになるのだ。

このように森と川との間での植物の生産活動と餌となる虫の生活サイクルの逆転によって、森林に生息する鳥にとっては一年を通して安定に餌が供給されることになる。北海道南部の落葉広葉樹林での調査[12]によれば、落葉期における羽化水生昆虫が餌に占める割合は、シジュウカラやゴジュウカラなどの留鳥で四〇〜六〇パーセント、ミソサザイ（*Troglodytes troglodytes*）にいたっては一〇〇パーセント近くに達し、またヒタキ類やムシクイ類などの夏鳥の春先の割合も四〇〜九〇パーセントにおよんでいた（図6－8）。森林全体で川が占める面積はわずかであるが、それによって森林に生息する

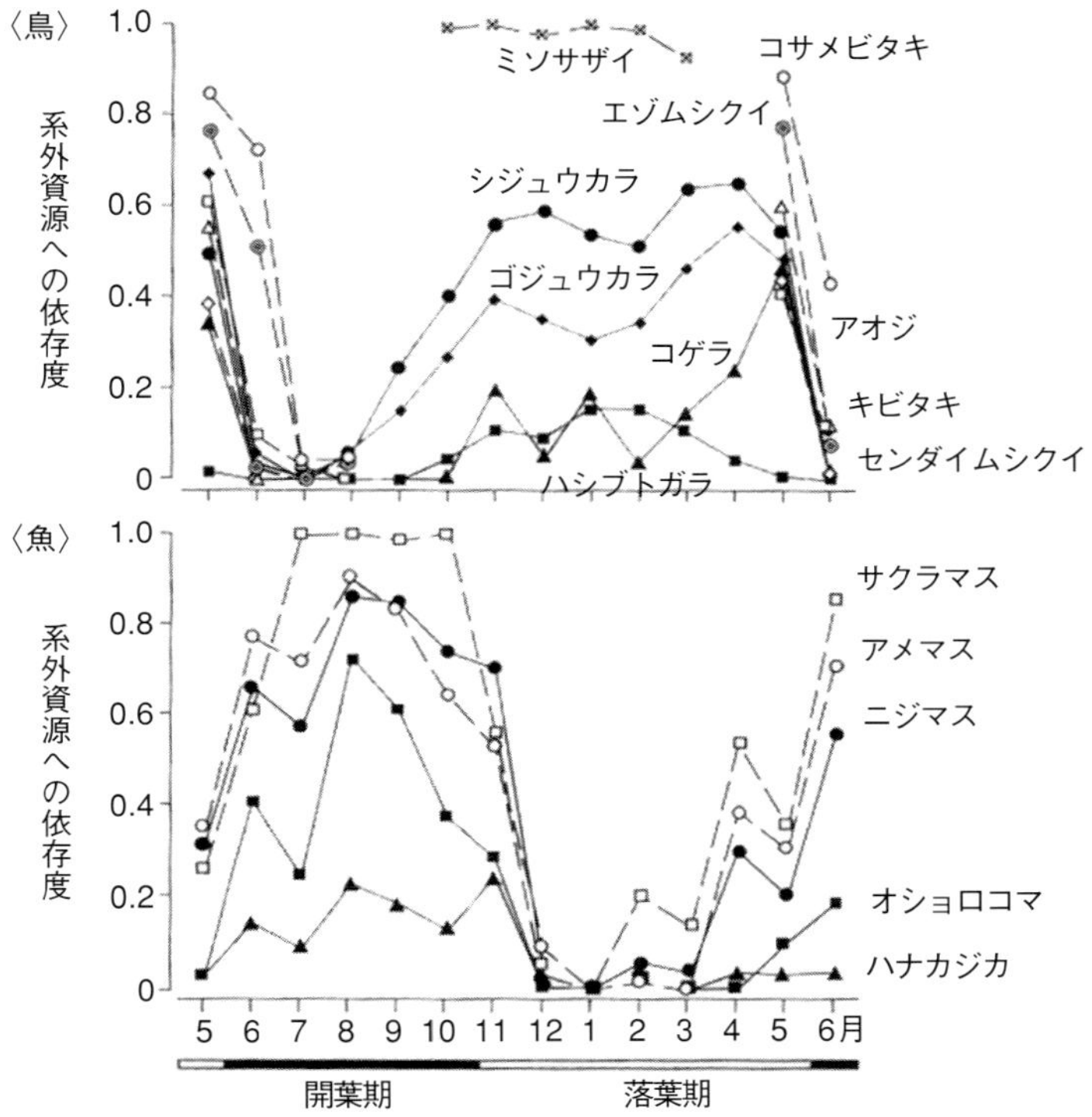

図 6-8　北海道大学苫小牧地方演習林の落葉広葉樹の河畔林で鳥が河川から羽化してきた水生昆虫を採食した頻度（上）および魚が樹冠から落下してきた昆虫を採食した頻度（下）の季節変化（Nakano & Murakami 2001 より）

鳥が受ける恩恵ははるかに大きいということになる。また、このような川を持つ森林は、春先に北上途中の夏鳥が休息や採食のために利用する中継地点としても重要な役割をはたすことにもなる。

森と川が組み合わさることで恩恵をこうむるのは鳥だけではない。羽化水生昆虫を餌とするクモなどの捕食性節足動物やコウモリなどの哺乳類も、冬期には河川敷に多くなる。さらに興味深いのは、森林内の渓流に生息するイワナやヤマメなどのサケ科魚類は、冬期には羽化前の水生昆虫を食べるが、夏期には森林の樹冠から落下してくる虫に餌のほとんどを依存することである(図6-8)[13]。このように川からの資源供給と森からの資源供給の季節がずれることで、森と川の両方に生息する動物全体の多様性が高められることになる。

6・3　自然撹乱が鳥を変える

台風・火事・洪水が鳥を左右する

森林は決して安定な環境ではなく、台風、山火事、洪水、土砂崩れなどの撹乱を受けながらダイナミックに変化する環境である[3]。その頻度と規模は地域や場所によってさまざまであり、林冠ギャップができる程度の小規模で頻繁な撹乱もあれば、数百年おきに数十から数百ヘクタールにわたって生じる一斉風倒や山火事のように大規模で稀な撹乱もある。現在ある地域やある場所に見られる自然林の特有の植生構造は、最終氷期以降に起こったさまざまな自然撹乱の歴史によって形作られてきたといってもよいだろう。

林冠ギャップの形成は、鳥の種多様性を高めるうえで重要である。倒木はミソサザイや小型ツグミ類などに営巣場所を提供するし、幹が途中で折れて立ち枯れた木にはキツツキが好んで巣穴を作る。明るくなった林床あるいは倒木上には、稚樹が育って低木層を形成するようになり、植被の垂直構造を多様にする。また、新たな樹種が定着する機会を与えることになり、樹種構成を多様にする。前述したように、森林の構造が多様で複雑になれば、多くの種類の鳥が生息できるようになるだろう。

日本は降水量が多く気候が湿潤であるため、人為的な森林火災が生じることがあっても、自然現象による森林火災はほとんど生じない。しかし、北米北部の針葉樹林では落雷などによる自然火災が定期的に生じる。森林火災はたいていは森の一部を消失して鎮火するので、大きな森には火災後の年数に応じて成長段階の異なるさまざまな植生が混在し、それぞれが環境選好性の違う鳥に対して多様な生息場所を提供する。とくにキツツキは火災直後の焼け跡を好んで利用するらしい。なぜならば、焼けた木にはカミキリムシが卵を産みつけるため、孵化してきた大量の幼虫がキツツキにとって格好の餌となるからである。[5] 火災で焼失しても、周囲や焼け残った木から風や動物によって種子が散布され、森林は自然に再生してくる。自然火災の間隔は五〇～二〇〇年であるため、火災後に新たに更新してきた樹木が次の火災が生じるまでには、キツツキが巣穴を作れるほどに太く生長することができる。こうした自然火災と森林更新のサイクルによって、そこを棲みかとする鳥の高い多様性が維持されることになる。

川岸の森林には多様な鳥類群集が形成されることはすでに述べたが、河川の規模が大きくなるにつれて集中豪雨や雪解けによる増水によって大規模な攪乱が頻繁に生じるようになる。蛇行した川では、流れの外側の川岸は削られて大木がなぎ倒されるが、そのようにえぐられた崖はカワセミ類の営巣場所となる。その一方で、流れの内側には土砂が堆積し、そこに新しく実生が定着し若い林が形成される。こうしてできた河岸段丘には年齢の違う多様な構造の森林が形作られることになり、さまざまな鳥が棲みつくことができる。とくに新しくできた段丘にはヤナギ類やハンノキ類が生え、林縁性のホオジロ類や河川で採食するサギ類の営巣場所となる。

このように自然撹乱は、ときに壊滅的な打撃を森林におよぼすことはあるものの、通常は適当な頻度と規模で繰り返されることで、多様な構造の森林の形成と維持に重要な役割をはたしており、鳥もまたそれによって多くの恩恵を受けているといってよいだろう。

3章でカワウやオオミズナギドリの営巣活動が森林植生を改変し、そこを棲みかとする生物たちに影響をおよぼすことを述べた。これらの鳥たちの森林改変はコロニーを作る範囲に限られるので、その影響は局所的である。ところが、シカのような大型草食動物の採食活動による森林改変は広域的に生じるため、高密度個体群の場合には、その影響は深刻である。

草食動物が鳥を左右する

著者が鳥‐虫‐木の関係（3章）やシジュウカラ類の種間関係（4章）を調べてきた大台ヶ原もまた、奈良公園と見まがうほどに多くのニホンジカが生息しており、森林の存続が危ぶまれている。ここは山岳地帯には珍しく、名前が示すように傾斜の緩やかな台状地形を形成している。シカはこの部分に集中して生息しており、周縁部に向かうほど（すなわち、傾斜が急になるほど）シカの密度は低くなる。このシカ密度の違いが森林植生の構造や鳥の種類と個体数にどのような影響をもたらしているかを調べた。[14] 実際に、緩やかな斜面ほどシカ密度の指標となる糞の数が多く、そのような場所ほど、草本の密度と丈が低い、低木の密度が低い、枯死木の密度が高いという特徴があった（図6‐9）。これらの特徴はすべて、シカによる採食の影響と考えられる。草本、とくにその大部分を占めるササはシカの大好物であり、また低木密度が低いのは、シカが芽生えや幼木を食べてしまうために、次世代を担う後継樹が育っていないことを示している。さらに、シカは樹皮までも食べてしま

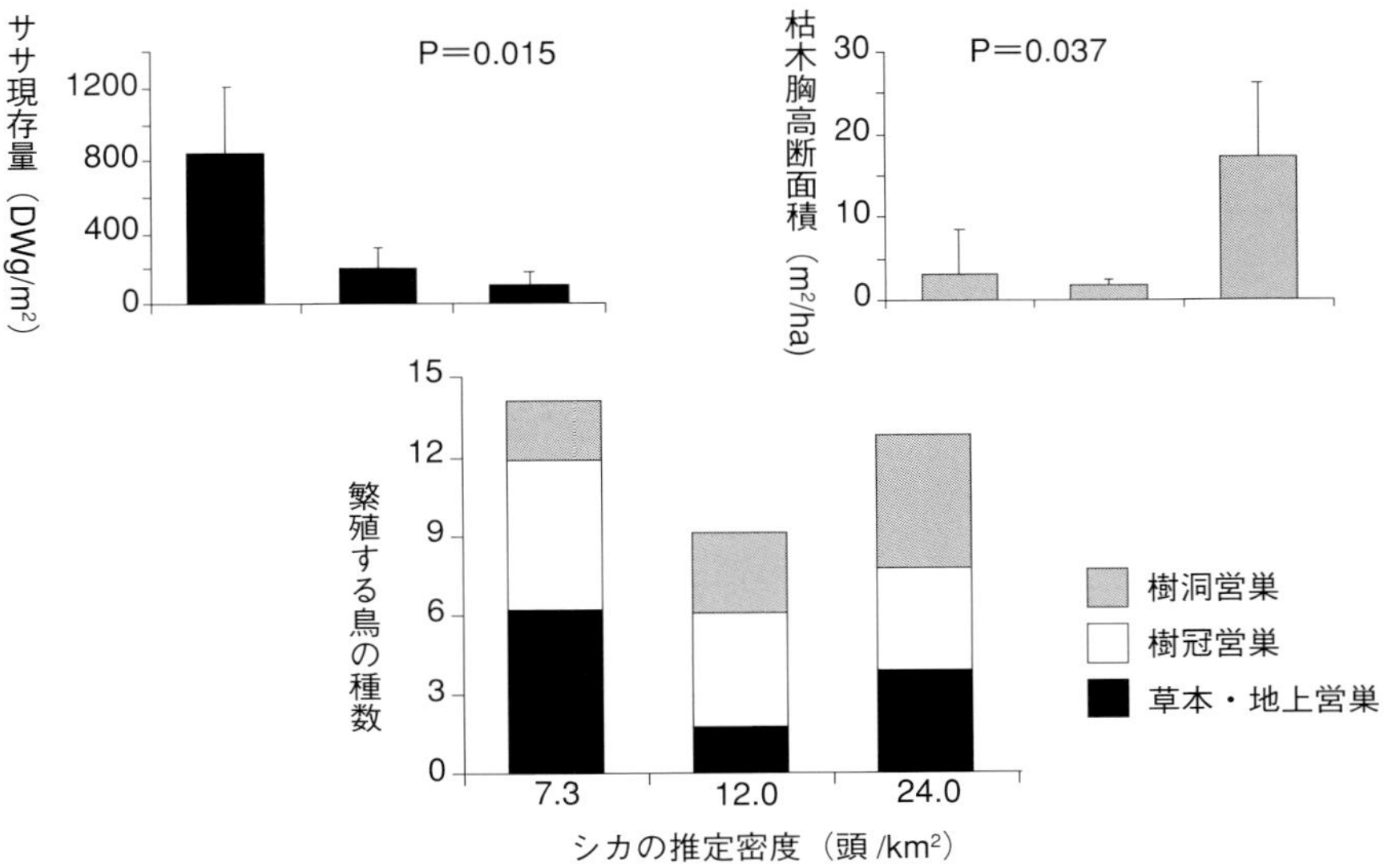

図6-9　奈良県大台ヶ原の森林内のシカ密度の異なる場所における（上）枯死木とササの量の違いにともなう（下）営巣場所別の鳥の種数の変化（Hino, in press より）

うために、現在立っている高木さえ枯らしてしまうのである。

　このような森林植生の変化の結果、そこに生息する鳥たちにも大きな違いが生じていた（図6－9）。シカ密度の高いところでは、ササ藪を好んで棲みつくウグイス、コルリ、コマドリや、低木で餌をとることの多いセンダイムシクイ、コガラ、エナガなどがまったくいないか、いても数が少なくなっていた。その一方で、開けた場所を好むアカハラやビンズイ、枯死木での営巣または採食を行うキツツキ類の種類や個体数が増え、また二次的樹洞営巣性のシジュウカラ類、キバシリ、ゴジュウカラなどの密度も高くなっていた。このように、鳥は「棲みか」の形に応じて好んで棲みつく種類も違うため、シカは味方にも敵にもなるのである。

しかしながら、下層を利用する鳥にとっては、シカがいなくなってササが密生すればよいかというとそうではない。前述したように、これらの鳥がササ藪の中で効率的に餌をとるためには、ある程度の空間が必要だからである。また、ササが密生していると天然更新が進まず低木が発達しないので、そのような層を利用する鳥にとっても好ましくない。一方、樹洞営巣性の鳥にとっては、シカがたくさんいて枯死木が増えればいいかというともちろんそうではない。シカによる採食の影響が、樹洞営巣性の鳥を同じように増加させる森林火災の場合と大きく違うのは、後継樹が育たないために森林が再生してこないことである。森林に棲む鳥にとって「棲みか」そのものがなくなってしまっては元も子もないであろう。「過ぎたるは及ばざるがごとし」という言葉があるように、森林にとっても鳥たちにとっても、シカが多すぎず少なすぎずがもっとも良いはずである。シカの個体数管理は、現状だけで判断するのではなく、森林の将来の変化を予測しながら行っていかなければならない。

7章
森の鳥を守る

7・1　森の鳥を脅かすもの

森林の伐採と分断化

わが国は森林が国土の三分の二を占める世界有数の「森の国」である。縄文時代や弥生時代の遺跡では、多くの木造建造物にクリやスギやヒノキが資材として使われていたことがわかっており、また丸木船や木製の農耕具や狩猟具も大量に発掘されている。世界遺産の一つである飛鳥時代の法隆寺の木造建築物群では、建立から一〇〇〇年以上経った今でも、わが国の木材の耐久性と木工技術の高さを目の当たりにすることができる。これらのことからもうかがえるように、木材は太古の昔から日本人の生活にとって切っても切り離せないものであった。江戸時代には京都の北山スギや奈良の吉野スギに代表される木材生産を目的とした林業がすでに盛んに行われるようになった。現在では、森林面積のうち四割を人工林が占める。これは第二次大戦後に全国各地で大規模な皆伐一斉造林が行われ、天然の広葉樹林や針広混交林がつぎつぎとスギやヒノキの人工林に変えられていった結果である。

森林に生息する鳥は、階層構造や樹種構成の単純な針葉樹の人工林よりも複雑な広葉樹の天然林において、種多様性が高いことを6章で述べた。いいかえれば、戦後の拡大造林の歴史は、全国レベルでの森林性鳥類の多様性低下の歴史でもあったということができる。現在では、その人工林の森林蓄積が全森林蓄積の六割を占めるようになり、造林されたスギやヒノキが生長し利用段階に入っている。ところが皮肉なことに、この数十年の間に、木造建築物の多くは鉄筋コンクリート製に変わり、木製の家具や生活用品もまた金属製や合成樹脂性などの製品に取って代わられてしまった。その結果、一人当たりの木材消費量はピークだった一九七〇年代の七割にまで落ち込んでいる。しかも、安価で安定供給の可能な外材の輸入によって、国産材の消費量は一九六〇年代から年々減少の一途をたどって四分の一にまでになり、自給率は二割以下というのが現状である。伐採しても再植林する経費が出ないほどまでに木材価格が低下してしまい、そのために林業所得は減少し、林業生産活動は停滞している。[1]

このような状況の中で、林業と鳥類多様性の保全はどのように両立させていくべきであろうか。国が所有する国有林野は森林面積の三割を占め、つい最近まで、その半分以上が木材生産のための林であり収益に重点をおいた管理経営が行われてきた。しかしながら、経常的な赤字による財政状況の悪化もあって、二〇〇一年に制定された森林・林業基本法では、公益的機能の維持増進に重点をおき、名実ともに「国民の森」としての役割をはたしうる管理経営に転換を図ることになった。現在では、木材生産林は「資源の循環利用林」と名前を変えて、その割合も一五パーセントに減少した。それに代わって大きな割合を占めるようになった公益林は、その目的によって「水質保全林」と「森林と人との共生林」に分けられる。水質保全林は、土砂崩れを防ぎ、水源を涵養することを目的としており、伐採林齢の長期化、複層林の誘導、広葉樹の保残による針広混交林化などを進めている。また、森林と人との共生林では原則として伐採を行わず、自然の推移にゆだねる森作りを行っている。同じような取り組みは、各都道府県や市町村でも独自に行われるようになってきている。公益林における このような森林管理は、いずれ鳥が生息していく上で望ましい生息環境を作り出し、拡大造林によっ

図7-1　国有林野で進められている「緑の回廊」のイメージ（林野庁 2004 より、イラスト：瀬川也寸子氏）

て失われた森の鳥の多様性を取り戻すことが可能になるだろう。

国有林野事業では、一九〇〇年代のはじめより日本各地に原生的な森林生態系や貴重な動植物を有する森林を保護林に指定して、その保全管理に努めてきた。しかしながら、それらの保護林どうしは互いに分離しているため、森林伐採や都市開発による分断を避けることはできない。生息地が分断されてしまえば、移出入の制限や外敵侵入の増加によって個体数や遺伝子多様性が減少し、場合によっては局所的な絶滅をもたらす危険性も生じる。ところが、二〇〇二年度より保護林どうしをつなぐ「緑の回廊（図7-1）」の設定が進められてきている。この保護林と緑の回廊の両輪の制度によって、鳥をはじめとする多くの野生動植物の生息地のネットワークが将来にわたって確保されることになり、本当の意味での保全が可能になることであろう。

しかし、森林における生物多様性の保全には、国や地方公共団体だけでなく、森林面積の六割近くを占める私有林との連携協力が必要である。たとえば、緑の回廊の設定予定のルート上に私有林がある場合には、森林所有者の理解と協力を得て緑の回廊の働きが保たれるよう努める必要がある。木材生産を主体とする私有林や国の資源循環林では、生産効率を高める必要があるため、生物保全のための森林管理とは相容れない部分が大きい。私たちの生活が木材に依存している限り、それはある程度やむをえないことである。しかし、かつて盛んに行われた皆伐一斉型の造林手法は、生物多様性を低下させるだけでなく、森林の気象害や病虫害の発生率を高めたり土砂崩れを引き起こしたりすることが知られている。また、近年全国で森林被害をもたらしているシカの個体数増加もまた、皆伐時に草本が増えて餌が増加したことが原因の一つだと考えられており、その影響は鳥群集にまで影響をおよぼしている（図7-2、6章）。したがって、施業は地域や時期を分散させて小面積で行うのが望ましい。また可能な限り、複層林化、混交林化、択伐、天然更新を取り入れた施業を行い、巨木・枯木・倒木も保残していけば、たとえ人工林であっても多様な鳥が棲みつくことができ、それが結果的に害虫や病気の大発生を抑えることにもなるだろう。[2]

住宅地やリゾートなどの開発による森林伐採は、森林に生息する生物にとっては棲みかの消失を意味するため、その影響は林業のための森林伐採の影響よりもはるかに大きい。とくに、その森林消失の影響が深刻なのは、島に棲む日本固有の鳥たちである。森林伐採の影響で、対馬列島に生息していたキタタキ（*Dryocopus javensis*）はすでに絶滅し、南西諸島のヤンバルクイナ、ノグチゲラ、ルリカケスらもまた生息域が限定され絶滅の危機に立たされている（図7-3）。開発による森林伐採はまた、森林の面積の縮小や分断・孤立化をもたらし、鳥類群集の多様性の減少をもたらしている（6

図 7-2　日本各地で森林の衰退をもたらしているニホンジカの高密度個体群（大台ヶ原ビジターセンター提供）

図 7-3　切手になった日本の絶滅に瀕した森林の鳥たち。上段左から：コウノトリ、ヤンバルクイナ、オジロワシ、カンムリワシ。中段左から：シマフクロウ、ノグチゲラ、オーストンオオアカゲラ。下段左から：アカガシラカラスバト、アカヒゲ、ルリカケス。

章）。道路や送電線のような幅の狭いベルト状の伐採は、空を飛ぶことのできる鳥の移動を妨げることはないが、巣内捕食者や繁殖寄生者の流入を招き鳥の繁殖成功を低下させる。

高度経済成長期に比べれば大規模な開発は沈静化してきたものの、いまも日本各地で開発にともなう原生林伐採の計画があとをたたない。その一方で、過去に失われた自然を積極的に取り戻すことで生態系の健全性を回復することを目的とした自然再生事業が、二〇〇三年に制定された自然再生推進法にもとづき全国各地で実施されようとしている。[3] わが国のこれまでの施策が自然を破壊するものばかりであったことを考えると、革新的転換であるといえよう。しかしながら、一度失った自然を取り戻すことがいかに大変であるかを、この事業はまた私たちに再認識させてもくれる。失わないことがなによりも大切であることを心にとめておきたいものである。

河川環境の破壊

子供のころ、フナやメダカ、ゲンゴロウやヤゴをとって遊んだ小川は、今では三面コンクリートの水路に変わりはててしまった。釣りをしたり泳いだりしていた川が、今はダム湖の下という経験を持っている人もいるかもしれない。日本各地の河川は今、下流域から上流域にいたるまで、治水や利水のためにコンクリートに固められて、瀬も淵もない直線的な川に変えられてしまっている。わが国の急峻な地形と夏期の頻繁な集中豪雨がもたらす洪水対策のためには、ある程度のダムや堰堤の建設はやむをえない。しかし、こんなところにまで必要なのだろうかと疑いたくなる工作物が多いのもまた事実である（図7－4）。

河川の形状は、その環境に直接依存する水生昆虫や魚ばかりでなく、それらを餌資源とする鳥にも間接的に影響をおよぼす。逆にいえば、河川周辺域における鳥群集の多様性は、河川そのものの生物

図7-4　上：生物多様性を高める森林の中を流れる河川、下：水流や土砂をせき止めるために築かれた堰堤（写真提供：吉村真由美氏）

多様性、生産性、健全性などの高さの指標となる。河川は水鳥だけでなく、森林に生息する鳥の多様性をも左右することを6章で述べた。そこで述べたことを要約すると、次のようになる。（1）河川は森林に生息する鳥にとっては、森林内の餌資源が少なくなる冬から春先の餌の供給地として欠かせない環境である。（2）河川は曲がりくねっているほど周辺に生息する鳥の多様性は高くなる。（3）河川はときどき氾濫をして撹乱を受けたほうが、河畔林の構造は多様になり多くの鳥が棲みつくことができる。しかし、調査をしようにも、その対象となる河畔林がほとんど残されていないというのが、国内の河川環境の現実である。

2章では、カワウの個体数増加にともなうコロニーでの森林衰退について述べた。カワウは一九七〇年ころにはトキ（*Nipponia nippon*）やコウノトリ（*Ciconia boyciana*、図7-3）と同じように、水質汚染、干潟や内湾の埋め立てなどにともなう餌場環境の悪化によって個体数が減少し、限られた場所にしか見られなくなった希少種だった。ところが皮肉なことに、水質改善と保護によって個体数が回復しはじめ、現在では一転して国内各地の森林や内水面漁業に被害を与える有害鳥のレッテルを貼られ、駆除の対象となっている。とはいえ、河川のコンクリート化や河畔林の喪失は、カワウの餌である魚や適切な営巣場所の数を減少させていると考えられる。森林遷移の一過程にすぎなかったカワウのコロニーにおける樹木枯死が、好適な環境の減少によって特定の地域に個体が集中し人目につきやすくなり、森林や漁業被害として認識されるようになったというのが本当のところであろう。カワウにとっての生息環境が広い範囲にわたって改善されてコロニーが分散するようになれば、被害が完全になくなることはないにしても、許容範囲内におさえることができるようになるに違いない。

近年では、公共工事としてのダムや堰堤建設を見なおす動きが全国各地で起こっている。効率性だけを重視してきた河川改修も、景観や生物多様性の保全を考慮に入れた多自然型工法が取り入れられつつある。環境省による釧路湿原の自然再生事業では、直線化された河川の蛇行復元が計画されている。河畔林はそこが鳥にとっての生息場所となるばかりでなく、分断された森林と森林をつなぐ回廊の役割をもはたしている。回廊の功罪については不明な点も多いが、今のように森林の分断化の進んだ状況では、留鳥にとっては移動分散、渡り鳥にとっては休憩にはたす有益な効果のほうが大きいと思われる。北海道では各地で、河畔林の減少で絶滅危惧種となっているシマフクロウ（図7－3）の棲める広大な森作りが国や道ばかりでなく、理解ある多くの市民の手によっても行われはじめている。これらの計画では、生息場所としての河畔林の復活ばかりでなく、植樹によって森と森をつなぐ回廊林の造成をも目指している。この回廊林がシマフクロウの移動分散路として機能しはじめるには、まだ数十年かかるかもしれないが、このような取り組みはいずれ河川と森との本来の相互作用によってはぐくまれる鳥や多くの生物の多様性を蘇らせることができるはずだ。

無秩序な生物移入

日本鳥学会から二〇〇〇年に刊行された『日本鳥類目録・第6版』には、二六種類の外来種が記載されている。[4] 外来種とは、人間活動によって意図的あるいは非意図的に持ち込まれた外国産の種あるいは亜種のことである。日本の森林や低木林で見られる外来種としては、狩猟のために放鳥されたコジュケイやキジの亜種コウライキジ、またペットとして飼われていたものが逃げ出したか、あるいは飼い主によって故意に放されたと考えられるソウシチョウ（*Leiothrix lutea*）やガビチョウ（*Garrulax canorus*）などがあげられる。とくに日本は世界最大の鳥類輸入国とされており、その数は年間に数十万羽から数百万羽に達するともいわれている。[5] 日本での例がないが、害虫を駆除するため、あるいは移民が祖国を懐かしむための意図的な鳥の移入も、古くから世界各地で行われてきた。

外来種が生物保全のうえで問題となるのは、種間競争、捕食、交雑、病気の蔓延を通してもたらされる在来種への影響である。4章で、ホシムクドリが樹洞をめぐる競争によって北米の森林性の鳥の繁殖や個体数に大きな影響をもたらしていることを紹介したが、この鳥はもともと農害虫駆除のためにヨーロッパから移入されたものである。狩猟目的のために放鳥されているコウライキジは、日本固有亜種のキジや固有種のヤマドリの生息しない北海道と対馬に放されており、現実的な競争の問題は生じていないようである。かつては本州にも放鳥されたが、キジとの交雑によって繁殖力が弱まり根絶したらしい。コジュケイは、体のひと回り小さいウズラとの競争が問題になりそうであるが、分布域、標高、生息環境の違いによって生息地が重複することはなさそうである。ただし、欧米では移入されたコウライキジによる在来のキジ類の巣への托卵が繁殖に影響を与えている。[5] わが国での放鳥事業は現在も行われており、在来種への影響についてしっかりした調査を行っていかなければいけない。

大台ヶ原で調査をはじめた一〇年ほど前のある日、当時まだシカの採食の影響を受けずに密生していたササ藪の中から聞き慣れない鳥のさえずりを耳にした。双眼鏡でのぞいてみると、それまで見たことのない嘴の赤い緑色をしたきれいな鳥がいた。外来鳥ソウシチョウとのはじめての出会いである。二〇年ほど前から野生化した個体が確認されはじめ、今では関東以西の標高の高い地域で高密度個体群を確立している。同じく中国産の外来鳥であるガビチョウは、ソウシチョウにやや遅れて本州以南の各地に分布を拡大するようになり、こちらは標高の低い地域で繁殖する。

両種に共通なのは、ササ藪のある森林に棲みつくことである。そこで競争の影響が予想されるのが、ササ藪で繁殖する在来種ウグイスであるが、現在のところ直接的な影響があったという報告はまだない。しかしながら、ソウシチョウが高密度に繁殖する場所ではカラスなどの多くの巣内捕食者が誘引されるために、その間接的な影響でウグイスの繁殖成功率が低下する可能性が指摘されている[5]。同じように、ソウシチョウやガビチョウ、そしてメジロが森林内に侵入しているハワイ諸島では、外来種の多い地域での在来種の個体数減少が報告されている。ソウシチョウとガビチョウの影響が日本在来の鳥群集に現れていないのは、侵入の歴史がまだ短いからであるという可能性もあるので、今後の継続的なモニタリングが必要である。

直接の競争だけではなく、寄生虫やウィルスを介して外来種が在来種に影響をおよぼすこともある。ヨーロッパでは、ヨーロッパヤマウズラ (*Perdix perdix*) の野生個体群が急減している原因の一つとして、共通の寄生虫を持つキジの放鳥によって抵抗性のないウズラへの感染が広がった可能性が指摘されている[6]。ハワイ諸島では、蚊を媒介者とする鳥マラリアが外来種とともに入り込んだ結果、多くの在来種を絶滅させ、生き残った種類も蚊の生息できない高地に分布を限定させられてしまっている[7]。

日本では、保全上問題になるような大規模な感染例はまだ知られていない。しかし、二〇〇三年冬に突然流行をして世間を騒がした鳥インフルエンザは、鳥の感染症の潜在的な恐ろしさを私たちに認識させた。発生源と感染経路がほとんど解明されないうちに終息してしまったが、海外で発生した病気であっても渡り鳥によって簡単に国内に流入し、瞬く間に感染が広がっていく危険性を体感した。このときには、私たちの重要な食料であるニワトリに感染したため、発見が早くかつ家畜への感染に対する法律も整備されていたことから、比較的すみやかな対応が行政によって行われた。しかし、野生の鳥個体群に感染があった場合の法律はない。また他の生物への影響もあるため、鶏舎でニワトリを処分したようにはいかないだろう。ペットとして輸入する鳥については、検疫による予防を徹底することがもちろんであるが、いざというときのために野生鳥類の感染に対する法整備と対応策を講じておく必要がある。

　鳥の個体群の脅威となる外来生物は鳥だけではない。とくに、もともと天敵のいない島に放たれた肉食哺乳類によるヒナや成鳥への捕食の影響は深刻である。人間が住みつきはじめると、船の食料等に付随してネズミ類が、愛玩動物としてイヌやネコなどが持ち込まれ、島に固有の鳥たちに影響をおよぼしはじめる。その結果、小笠原諸島では飛翔力の弱いオガサワラマシコやオガサワラガビチョウが絶滅に追いやられてしまった。害獣駆除のための放獣の影響も大きい。伊豆諸島の三宅島や八丈島では、一九八〇年代はじめにネズミの農林業被害を軽減する目的でイタチが非合法的に放たれた。それがきっかけでイタチの数が爆発的に増殖し、それにともなって地上で餌をとり低木に営巣する日本固有種アカコッコの数が、わずか一〇年で放獣前の三割にまで減少してしまっている。[8] 南西諸島では、一世紀ほど前に沖縄島へハブやネズミ駆除のために移入されたマングースが分布を拡大し、伊豆諸島のイタチと同じように数を増やし、日本固有種であるヤンバルクイナ、アマミヤマシギ、ノグチゲラ、アカヒゲなどの脅威となっている。肉食哺乳類ばかりでなく、飼育や狩猟のために移入された草食哺乳類の影響も深刻である。小笠原諸島では野生化して数を増やしたヤギが、森林で実生や稚樹を食いつくして草原化、裸地化、土壌流出などを引き起こし、鳥の生息環境を破壊する結果となっている。

外来生物が島全体に分布を広げ定着してしまってからでは決して簡単ではないと思われるが、大切な日本固有の鳥を絶滅に追いやらないためには、早急に徹底した駆除が進められるべきである。ただし、南西諸島では、マングースを駆除すると、それまで個体数の抑えられていたクマネズミが数を増やして悪影響をもたらしはじめるらしい。このような場合には、マングースの駆除と平行させてクマネズミの駆除も同時に行わなければ意味がない。[9]

二〇〇四年になってようやく、外来生物による生態系等にかかわる被害を防止するために、その飼養、栽培、保管または運搬、輸入その他の取り扱いを禁止するとともに、国等による防除等の措置を講ずることなどを内容とする「特定外来生物による生態系等に係る被害の防止に関する法律案」が制定された。今後、外来生物対策が大きく前進することを期待したい。

化学的物質による汚染

「アメリカの奥深くわけ入ったところに、ある町があった。生命のあるものはみな自然と一つだった。ところが、あるときどういう呪いを受けたわけか、暗い影があたりに忍び寄った。春が来たが、沈黙の春だった。小鳥も歌わず、ミツバチの羽音も聞こえない。何週間前の事だったか、白い粉が雪のように屋根や庭や野原や小川に降り注いだ。」有名なレイチェル・カーソンによる『沈黙の春』の一節である。[10] この本が出版された一九六二年ころには、春を沈黙させる原因となった白い粉ＤＤＴやＢＨＣなどの有機塩素系殺虫剤が世界各地の森林や農地で大量に使われていた。この本の出版がきっかけとなって、先進諸国ではこのタイプの薬剤は使用禁止となり、日本でも一九七〇年代になって使われなくなったが、開発途上国では今でも使用され野鳥への被害が問題になっている。

有機塩素系殺虫剤が問題となるのは、分解が遅くて残留性が高いために動物の体内に蓄積され、それが食物連鎖を通じて餌生物から捕食者へと受け渡されていくことである。その結果、薬剤そのものの有害物質の濃度は低くても、それを昆虫が摂取し、その昆虫を小鳥やネズミが食べ、さらにそれらを森林生態系の頂点である猛禽類が捕食をすることで、体内に蓄積された物質は致死的濃度にまで達することになる。これを「生物濃縮」という。水田で魚やカエルを捕まえて食べるトキやコウノトリが絶滅に追い込まれてしまった最大の原因は、まさに稲の害虫を殺すために使われた農薬だったのである。

鳥類の有機塩素系化合物の解毒システムは哺乳類よりも一般的に弱いために、哺乳類よりも鳥類で、また哺乳類食の猛禽よりも鳥食の猛禽で濃縮が起こりやすい。致死的濃度ほど高くならなくても、ＤＤＴの代謝物質が雌の卵殻形成時における炭酸カルシウム減少によって卵殻薄化をもたらすことが知られている。また、内分泌撹乱作用をもたらす環境ホルモンの一つとして、ＤＤＴが女性ホルモンに類似した作用を持つことによって雄の造精能力を低下させることもわかっている。このような現象は当然のことながら繁殖率の低下をもたらし、個体数を減少させることになる。また殺虫剤が害虫以外の虫も一緒に殺してしまうことによる餌不足が、個体数減少の間接的な原因にもなる。[11]

林業のために使われる薬剤は、殺虫剤、殺菌剤、殺鼠《そ》剤、除草剤である。最近では、残留性や毒性の低い薬剤が使われるようになり、またバイオテクノロジーの技術をいかして、他の生物への影響の小さい選択性殺虫剤、不妊剤、誘因フェロモンなどの実用化が進んでいる。もともと、農業に比べると林業では薬剤への依存度は低く、森林への打撃的な被害が避けられない場合に限定して局所的に散布が行われる。これは農耕地と違って森林そのものが自己治癒性を持つからである[12]。たとえば、3章で紹介したように、昆虫の食害に対して樹木はさまざまな防御能力を備えているし、昆虫はさまざまな天敵によって個体数を制御されている。そのため天敵を用いた防御も、農耕地では外国産の天敵を導入するのが普通で、それによって新たな外来種問題を引き起こすが、森林では多くの場合土着天敵を用いる。松枯れの原因となるマツノザイセンチュウの運び屋であるマツノマダラカミキリを、アカゲラなどのキツツキを用いて防除しようという試みもその一つである。

化学物質による汚染がもたらす地球レベルでの環境問題としては、石炭や石油などの化石燃料の燃焼にともなって排出される硫黄酸化物や窒素酸化物がもたらす酸性雨や、二酸化炭素が主要因となっている温暖化がある。森林に生息する鳥にとって酸性雨は、土壌の酸性化が植物のカルシウム量を減少させ、それが餌となる虫のカルシウム量を減少させることで鳥類に影響をもたらす。日本ではまだ報告例はないが、ヨーロッパの酸性化の進んだ地域の森林や水辺林の鳥では、カルシウム摂取の減少のために、卵殻薄化による繁殖成功度の低下が報告されている[11]。酸性雨はまた光合成阻害などを通して世界各地で森林衰退をもたらし、そのような場所では森林に生息する鳥の多様性や個体数が減少することになる。

化石燃料使用にともなう二酸化炭素の大気への放出は、温暖化という地球規模の環境問題をもたらす。おまけに、二酸化炭素吸収能力の高い森林植生の伐採は、その温暖化に拍車をかけてきた。この一〇〇年間で全地球の平均気温が〇・六〜〇・八度上昇した。わずかな変化であるように思われるが、新潟では、この二〇年間で夏鳥であるコムクドリの産卵時期が約二週間早くなり、かつ産卵数も約一個増えてきたことが明らかにされている。[13] 詳しいメカニズムはわかっていないが、同じ現象は欧米でも報告されており、温暖化の影響が示唆されている。このような繁殖期の長期化や産卵数の増加は、温暖化が温帯の鳥の繁殖にプラスの影響をもたらしていると考えることもできるかもしれない。

しかしながら、現在の速度で二酸化炭素の排出が続くと、一〇〇年後にはさらに気温が二〜五度上昇すると予測されている。地球が最終氷期以降八〇〇〇年の間に四度程度しか上昇していないことを考えると、その速度がいかに速いかわかるであろう。6章で述べたように、第四紀に繰り返し起こった氷期には、気温の低下とともに高緯度地方の森林は温暖な南の地方に追いやられ、氷期が終わると氷河の後退とともに再び北上した。当時の日本列島は大陸と地つながりであり、しかも西欧ほど気温の変化は大きくなく地理的障壁がなかったために、森林の移動もわずかですみ多くの植物種が生きながらえることができた。ところが、将来予測される気温の上昇は植物が取り残されてしまうほど大きい。しかも、現在の日本列島は大陸からも島どうしも切り離されているばかりか、列島内でも森林の分断化が進んでしまっている。このような状況下で予測されるのは、森林の消失とそれにともなう動物種の絶滅であろう(図7-5)。最初に影響を受けるのは、離島や高山帯に生息する生物である。移動性の高い鳥であっても、例外ではない。

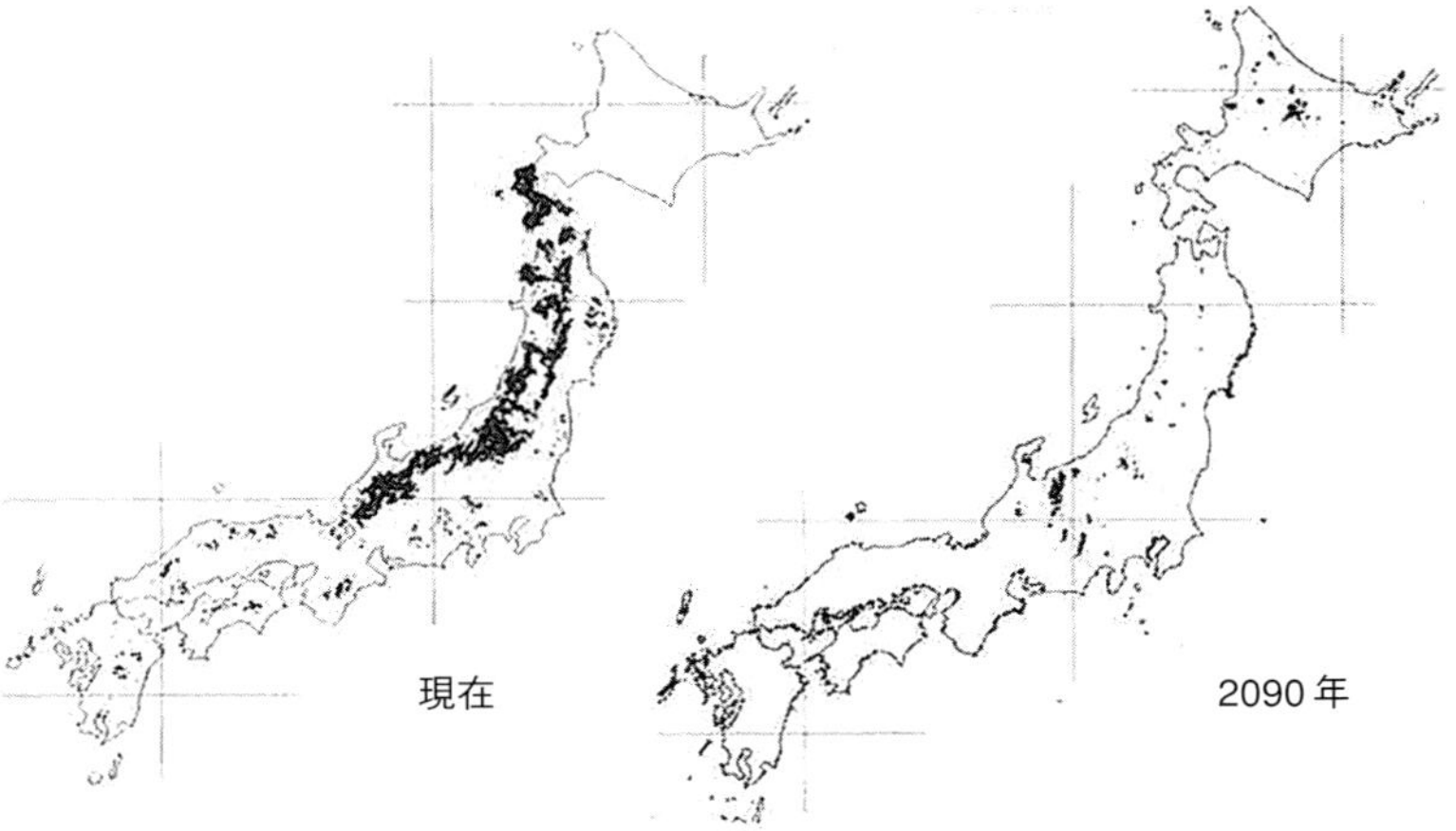

図 7-5　地球温暖化がブナ林の分布に与える影響（田中ほか 2001、森林総合研究所平成 13 年度研究成果選集より転載）

酸性雨や温暖化、さらにはオゾン層破壊などを含む地球環境問題に対しては、世界的に取り組む必要がある。一九九二年にブラジルで開かれた地球サミットでは、具体的な行動計画であるアジェンダ21が採択され、温暖化防止のための気候変動枠組み条約が締結された。一九九七年には京都で地球温暖化防止のための国際会議が開かれ、二酸化炭素やメタンなどの温室効果ガス排出量の削減目標を国ごとに定めた京都議定書が採択された。しかしながら、最大の排出国である米国の議定書離脱問題もあって、いまだに発効にいたっていない。日本は二〇〇二年に批准はしたものの、一九九〇年に比べて二〇〇八～二〇一二年の温室効果ガスの排出量を六パーセント削減という目標は、現時点では達成困難という状況らしい。

これまでに鳥を脅かす要因としてあげてきた森林伐採、開発、動物移入といった問題は、法的な規制と関係機関や業者の対応である程度解決していける可能性がある。ところが、地球環境破壊は、これらの問題とは異なる性質を持ち、それゆえに解決が困難な問題でもある。なぜならば、それは現在の私たちすべてが享受している電気や車のある快適な生活の代償であり、しかもその犠牲をこうむるのが私たち自身ではなく将来の世代の人たちだからである。最近では冷暖房の発達で室内は夏は寒くて冬は暑い。歩いてわずか二〇分の距離でさえ車を使う。豊かで快適な生活に慣れてしまうと、無駄とわかってはいてもなかなか変えられないものである。しかし、一人の無駄はわずかな量であっても、世界中のすべての人が行えばその無駄は六〇億倍にふくれあがるのである。地球環境問題を解決していくには、私たち一人ひとりが他人まかせにせず、現在の生活を見なおす心構えと具体的な行動が大切であろう。個々の努力がはたしうる効果はわずかであっても、それが集約されればいずれ大きな効果となって現れてくるはずである。

7・2　鳥の多様性から生物多様性へ

鳥をめぐる生物間相互作用を守る

強風が吹くと目に土ぼこりが入る。土ぼこりが目に入ると失明する人が増える。失明する人が増えると三味線弾きが増える。三味線弾きが増えると三味線の胴の皮に使う猫が減る。猫が減るとネズミが増える。ネズミが増えるとかじられて穴のあいた桶が増える。穴のあいた桶が増えると桶屋が儲かる。「風が吹けば桶屋が儲かる」という江戸時代のしゃれた小話だ。ある出来事が、回り回って一見関係のなさそうなところに影響することを表現するときに、現代でもよく使われる。自然界においても人間社会においても、存在する物は一つの系の中であまねく相互に関係し合っているから、このようなことが起こるのである。

鳥もまた森林の中で一人生きているわけではなく、多くのさまざまな生物とかかわり合いを持ちながら生きている。その具体例については、これまでの章で繰り返し紹介してきた。3章で扱った樹木–イモムシ–アリ–寄生バチ–鳥の間の食う食われる関係を通した結びつきは、森林生態系内でごく普通に見られる関係である。それぞれの生物のグループにはさまざまな種類が含まれているため、実際ははるかに複雑なことはいうまでもない。また鳥とアリの関係とひと口にいっても、アリを食べる鳥、餌をめぐってアリと競争する鳥、アリの群れが追い出す虫を捕らえる鳥、アリのコロニーの近くに営巣して捕食者から守ってもらう鳥のように、その関係は一様ではない。さらに、6章で紹介したように、これらの関係にシカが加われば森林植生の改変によって相互作用の様式が変わるし、河川生態系と結びつけば水生昆虫や魚との相互作用が新たに生み出されるのである（図7–6）。

野生生物管理における保全すべき対象として、生物多様性という言葉が使われるようになって久しい。その中身も、遺伝子の多様性、種の多様性、生態系の多様性のように階層の異なる多様性が区別されて用いられるようになってきた。しかしながら、階層は違っていようともいずれの多様性も生物間相互作用なしでは語れない。遺伝的に多様であれば、予期せぬ病原菌や捕食者の出現あるいは餌環境の変化によって危機が生じたとしても、新たな相互作用の確立によって集団を維持できる個体（遺伝子型）が存在する可能性が高い。種が多様であれば、たとえいくつかの種が失われたとしても、別の種が群集や生態系の安定性を壊さないように相互作用の代役をはたすことができるだろう。生態系が多様であれば、異なる生態系を構成する生物間の相互作用や生態系間の物質循環によって景観全体

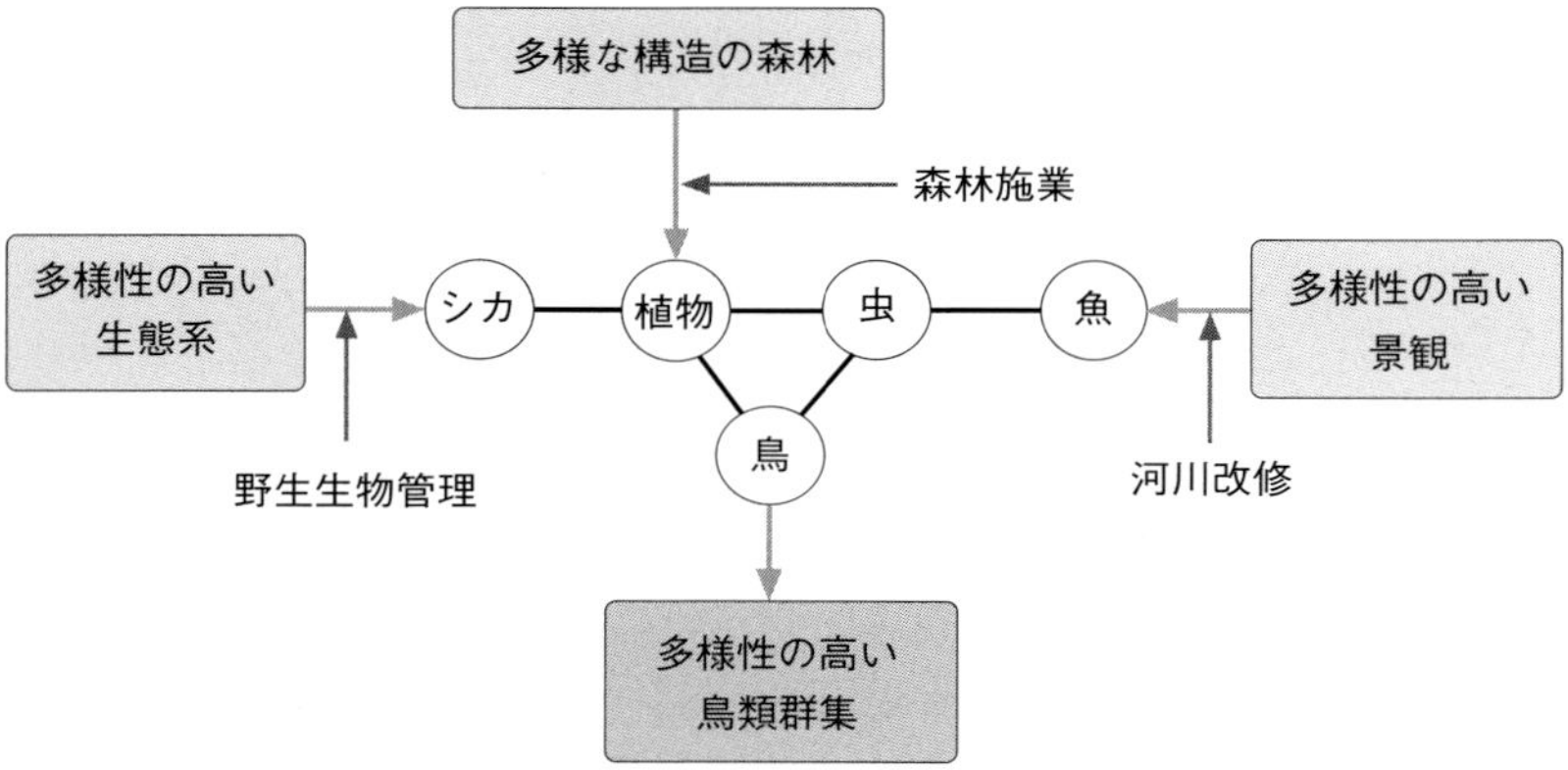

図 7-6　多様性の高い鳥類群集を維持するためには生物間相互作用にもとづく管理が必要

が安定に保たれるに違いない。逆に生物間相互作用を通して、生態系の多様性は生態系内の種の多様性を、種の多様性は各種の遺伝的多様性を高めることができる。生物多様性とは、つきつめてしまえば、生物間相互作用の多様性だといってよいだろう。

したがって、野生生物を保全していくためには、対象とする生物そのものを守るのではなくて、その生物をめぐる相互作用の多様性を守っていくという視点が大切である。6章で述べたように、多様な種類の鳥が生息できる森林とは、面積が大きくて、樹種構成や階層構造が複雑で、小川が流れ、自然撹乱が適度に生じる森林である。なぜならば、このような森林では餌となる虫や果実も多様であり、捕食者や寄生者となる動物も適当な密度で生息するために、特定の種の鳥だけが優占するということが起こらないからだと考えられる。すなわち、鳥をめぐる生物間相互作用の多様さゆえに、多くの種類の鳥が共存可能になるのである。逆に、鳥の多様性が高ければ、種子散布や花粉媒介、植食昆虫の捕食などの生物間相互作用を通して、生息環境である森林の健全性も安定に維持されていくことになるだろう（2章、3章）。

生物間相互作用とは本来、生物どうしの作用と反作用のぶつかり合いである。このぶつかり合いによって生み出される共進化の過程を経て、異なる生物の共存が可能になり今日見られるような生物の多様性が作り出されてきたといってもよい（図7-7）。共進化の具体例については、これまでの章で繰り返し紹介してきた通りである。これはいわば自然界の原則であり、その根底となる生物間の相互作用こそ守っていかなければならない。ところが、前述したように、森林の分断化による巣内捕食や繁殖寄生の増加、移入生物による捕食や病気の蔓延、農薬の生物濃縮をもたらす食う食われる関係は、各地で多くの鳥の絶滅や多様性の消失をもたらしてきた。これは生物史上経験したことのない規模とスピードで進行する変化に対して、鳥が対抗する術を発達させることができなかったのだと解釈することもできるだろう。このように作用に対する反作用が機能せずに多様性の低下をもたらすだけの生物間相互作用は自然界の原則に反している。そのような相互作用をもたらす原因となっている人為的攪乱は可能な限り抑制していかなければならない。

生物間相互作用の多様性を守っていこうとすれば、野生生物の

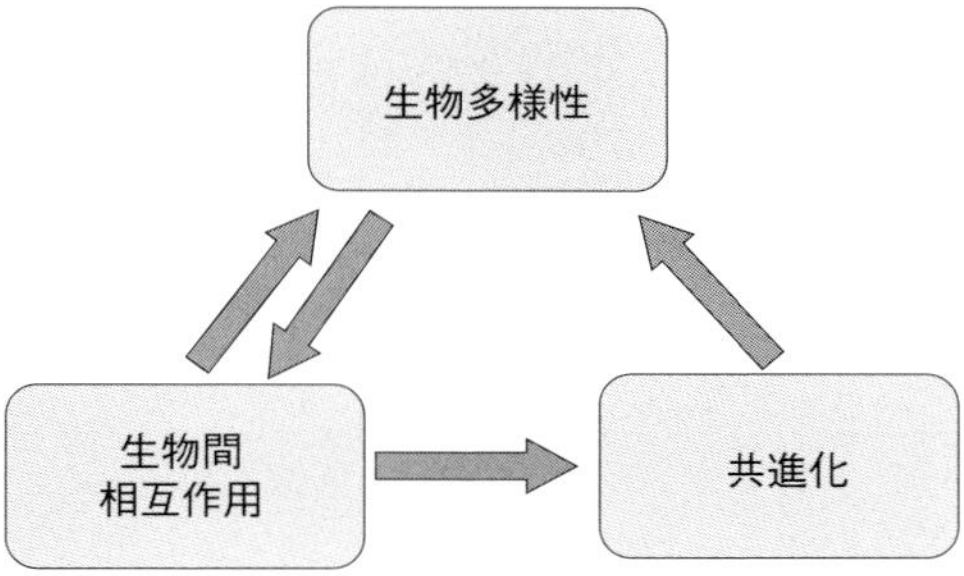

図7-7　生物間相互作用にもとづく共進化が生物多様性を促進する

管理手法も多元的にならざるをえない。たとえば、南西諸島の貴重な固有鳥類を守るために、外来動物であるマングースを除去するからには、それによって数の増えるクマネズミも同時に駆除しなければ意味がないことはすでに述べた。同じように、大台ヶ原で貴重な森林植生や生態系を衰退させているニホンジカの個体数を調整するからには、それによって現存量を増してくるミヤコザサの刈り取りも一緒に行わなければ、天然更新による森林の再生は期待できないだろう[14]。

人間と自然の相互作用を守る

ジュラ紀から白亜紀にかけての恐竜の繁栄が、温暖な気候下で巨木化した裸子植物の大森林を餌資源として一方的に利用することで支えられていたように、今日の人間の繁栄もまた、地球誕生以来長い年月をかけて形作られてきた貴重な自然の財産を一方的に搾取することでもたらされてきた。たとえば、今では私たちの生活に欠かせない石炭や石油などの化石燃料は、動植物の遺体が数千万年から数億年かけて変化してできたものである。人間はまた自らの利便性や物質的な豊かさを追求する目的だけのために、生息地を破壊し、農薬をばらまき、外来生物を移入し、乱獲をすることで、鳥をはじめとする多くの生物を絶滅に追いやってきた。このような一方的な搾取と破壊にもとづく自然との関係は、相互作用にもとづく共進化が基本の自然界の原則に反するものである。

恐竜たちは六五〇〇万年前の巨大隕石衝突でとどめを刺されることになったが、その数千万年前からすでに、裸子植物に代わって登場した被子植物の急速な進化のスピードについていけずに多様性を失っていた可能性がある（1章）。もしこの可能性が正しいならば、恐竜の衰退はそれまで一方的に搾取するだけの関係であった植物からしっぺ返しを食らったと考えてもよいだろう。だとすれば、人間の将来には何が待ち受けているのだろう。これまで人間が一方的に搾取してきた自然からのしっぺ返しは、すでにはじまっている。あとどのくらい残されているのかは不確定ではあるが、早かれ遅かれ、化石燃料の枯渇が人間の生活を脅かす問題となることは間違いない。しかもあろうことか、化石燃料の燃焼にともなって排出される物質が地球レベルの温暖化をもたらし、二酸化炭素吸収源である森林の伐採はさらにそれを加速化している。温暖化がこのまま続けば、海水面の上昇により、大陸の沿岸部と多くの島に住む人間は生息地を奪われてしまうことになる。温度上昇にともなって農林水産業に大きな被害がもたらされ、食糧危機に陥るかもしれない。また温度上昇のスピードに植物の移動が追いつかず、森林の大部分が消失してしまう可能性が高い。そうなると、森林が持つ公益的機能が失われて、土砂崩れや河川の増水が頻繁に生じ、大気や水質の汚染が進み、温暖化がいっそう加速化されることになるだろう。そんな環境で、人間ははたして生きながらえていくことができるであろうか。人間の最後の拠り所である科学技術は私たちを救ってくれるであろうか。おそらく答えは否であろう。

それでは、絶滅した恐竜のように、私たちが自然からのしっぺ返しを食らって取り返しのつかないことにならないようにするにはどうしていけばいいのだろうか。それは人間が他の生物とは違うのだという傲慢な考えを捨て、人間という生き物は自然生態系の中の一員にすぎないのだということを、今一度認識することでしか解決できないであろう。そして、他の生き物たちとの絶え間ない相互作用を、共存のための具体的行動として実施していかなければならない。これまでのような一方的な搾取をやめ、自然から授かった恩恵に対しては必ずお返しをしていこう。人間が生きていくためには自

図7-8　人間との相互作用によって維持されてきた里山の自然（写真提供：深町加津枝氏）

然の改変が必要になる場合もあるだろうが、その場合もこれまでのように大規模にかつ急激に行うのではなくて、他の生き物たちの反応の様子を見ながら少しずつゆっくりと進めていこう。そうしていけば、自然は人間と他の生き物たちとの共存を認めてくれるようになるかもしれない。そうなれば、これまでに失った生物の多様性も少しずつ取り戻していけるに違いない。

わが国には一方的な搾取ではなく、自然界の生物と人間との絶え間ない相利的な相互作用によって古くから作り出してきた自然がある。それが日本人の原風景ともいえる里山である（図7-8）。田んぼ、用水路、あぜ道、土手、小川、ため池、雑木林などがモザイク状に広がる景観は、日本の多くのおとぎ話や童謡の舞台であり、私が子供のころにはまだどこにでも見られる農村の風景であった。日本の森林は、縄文時代には焼き畑のために、弥生時代以降は水田耕作のために切り開かれてきた。これは自然に対する搾取には違いないが、人間が地球上で生きていくうえでは仕方のないものである。大切なのは、そのお返しを自然に対して与えていけばよいのである。西日本では、落葉広葉樹林は氷期には分布していたが、現在は放っておけば常緑広葉樹林に変わってしまう遷移途中の植生である。それにもかかわらず、落葉広葉樹林は雑木林として西日本の農村生態系の大切な一部として残されてきた。それは、農民が下草や落ち葉を堆肥にするために採集し、樹木は薪や炭にするために二〇〜三〇年おきに間伐するなどして、雑木林を維持管理してきたからである。そうすることで、雑木林を棲みかとする多くの生物もまた絶滅せずに生きながらえることができたのである。つまり、人間との密接な相互作用があったからこそ、里山の生物多様性は数千年もの間保たれてきたのだ[15]。

しかしながら、現在は堆肥に代わって化学肥料が、薪や炭に代わって化石燃料が使われるようになって、農民にとっての雑木林の価値が失われてしまった。その結果、不要になった雑木林は伐採されあるいは放置されて常緑広葉樹林へと変わってしまい、里山を棲みかとしてきた多くの動植物が失われようとしている。鳥も例外ではない。国内各地の里山で比較的最近まで普通に見られていたはずのトキやコウノトリはすでに姿を消し、サシバ、オオタカ、フクロウ、アオバズク（*Ninox scutulata*）、ヨタカ、サンショウクイ、チゴモズ（*Lanius tigrinus*）といった鳥たちもまた急速にその数を減少させている[16]。生物の絶滅が他の生物との相互作用の断絶によってしばしばもたらされるように、人間との相互作用の断絶が里山を衰退させ、そこを棲みかとする生物の絶滅をもたらすことになるのは自然の摂理でもある。里山という人間にもっとも身近な自然の消滅は、人間の行く末もまた明るいものでないことを暗示している。

里山における生物多様性を取り戻すには、人間と里山自然との相互作用を復活させるしかない。そのためには、まずわが国の農業を再建させていくことが必要であると思われるが、国内各地で行われはじめている市民ボランティアによる里山管理も見逃せない。これまで農民が行っていた間伐、下刈り、落ち葉かき、植樹などを市民自らが行うのである。その見返りに里山をどう利用するかは人によってさまざまである。山菜やキノコ取りを楽しむ人、木炭や落ち葉に新たな利用価値を見つける人、野外レクリエーションや環境教育や健康づくりの場として利用する人などなど[15]。農民のみが維持管理していたときに比べると、現在のほうが里山の利用目的は多様になっているといえるだろう。利用する目的が違えば、里山の管理手法も違ってくるだろうし、それによって維持される生態系もまた違ったものになり、全国的に見れば里山の生物多様性を従来のもの以上に高めることもできるかもしれない。そうなれば、生物間相互作用にもとづく共進化が生物多様性を促進させるように、それは人間と里山との間の相互作用の前進だといってもよいだろう。里山のような身近な自然との相互作用の大切さを私たち一人ひとりが再認識することができれば、スケールが大きすぎて他人事のように考えがちな地球環境の問題についてもまた、自分自身の問題として捉えられるようになるかもしれない。

あとがき

出版社から本シリーズの執筆依頼があったのは、なんと四年半も前にさかのぼる。はじめは五名による共著本の予定だったのだが、最初の依頼に快諾してからひと月ほどして、五分冊の単著として書かないかとの提案があった。著者の間で賛否が分かれたが、私は単著で書くことを希望した。これまで分担執筆という形で何冊か単行本が出てはいたが、自分の本という感じはまったくしていなかった。ところが、単著となれば背表紙に自分の名前が載ってそれが本屋さんの棚に並ぶのである。また、研究においても人生においても折り返し地点となる四〇歳代半ばまでに、それまでの知見や研究成果を一冊の本としてまとめることはとても意味があることのように思えた。それがどんなに大変なことであるかは、書きはじめてから実感するのであるが、楽観的な性分もあって単著で書くことを希望し、はたしてその通りになった。

はじめのうちはまだ気楽に構えていたのだが、まもなく職場ではプロジェクトのリーダーとして、学会では英文誌の編集者として責任ある立場を担うようになり、多くの雑務と慣れない仕事に相当の時間をとられるようになった。しかも、断ればいいものを原稿執筆、講義、講演、委員などを頼まれるまま引き受けてしまい、肝心のこちらの原稿はいつまでたっても取りかかることができなかった。私に限らず多くの男性にとって仕事や身辺が急激に忙しくなるのが四〇歳代前半なのかもしれない。幸い健康だけが取り柄の私は体調を崩すということはなかったが、厄年がこの時期に設定してあるのはまんざら適当ではなさそうだ。

言い訳を長々と書かざるを得なくなった自分が情けないが、結局原稿執筆に本格的に取りかかったのは今年の二月に入ってからであった。本シリーズの第一コースと第二コースを走っていた中静透さんと佐橋憲生さんのほうはすでに校正刷りに入っていてゴール間近だった。途中、関西支所の同僚となった第三コース走者の大井徹さんも私と似た状況だったようで、互いに牽制しあったり歩調を合わせたりしながらなんとか息絶え絶えでゴールを迎えることができたときには、原稿を引き受けてから二度目のオリンピックがはじまろうとしていた。ここまで先延ばししてしまった自分が悪いのであるが、一冊の本を書き上げることの苦しみとプレッシャーを心底味わった半年間であった。最後まで辛抱強く待ってくださった東海大学出版会の稲英史さんには心からお詫びと感謝の意を表したい。

この本は鳥の生態の教科書としてもある程度使えるように、できるだけ幅広い内容を含むように心がけたが、1章と7章を除く章では、自分がこれまでに行ってきた研究内容を一部紹介させてもらった。大学に入るまで、とくに鳥が好きだったわけでもなく、またとくに研究者を志していたわけでもなかったのであるが、入学後に出会った多くの友人や本に触発されてこの世界に入ることになった。洗礼を受けることになった北海道大学農学部の応用動物学教室には、鳥はもちろんのこと、ダニからヒグマまで幅広い動物を扱う個性的な研究者がそろっていて、自由で活発な雰囲気のもとで非常に多くのことを学ばせていただいた。森樊須さん、阿部永さん、前川光司さん、齋藤裕さんをはじめとして、お世話になった多くの教官や先輩・後輩にこの場を借りて感謝したい。森林総合研究所に就職してからは、動物ばかりでなく植物や微生物や土壌といった幅広い専門分野の同僚と一緒に共同研究や議論をする機会を得ることになった。このことは視点を鳥だけでなく森林生態系全体へと広げるきっかけとなり、とても良い経験となっている。大学や職場で同僚だった以外の方たちからも多くの刺激をいただいてきた。とくに、馬車馬のように独創的な仕事をして早馬のように駆け去っていった中野繁君からもらったパワーは、怠けてしまいがちな私の尻に火をつけてくれるエネルギーとなって今も燃え続けている。

本書を完成させるにあたっては、非常に多くの方々のお世話になった。瀬川也寸子さんには、無理な注文を聞いていていただき素敵なイラストをたくさん描いていていただいた。岩本泉治さん、伊東宏樹さん、内田博さん、斉藤充さん、中川雄三さん、深町加津枝さん、山口恭弘さん、吉村真由美さんには貴重な写真を快くご提供いただいた。森上義孝さん、山岸哲さん、八木橋勉さん、鈴木祥悟さん、中村充博さん、および朝日新聞社、京都大学学術出版会、森林総合研究所には、刊行物に掲載されたイラストや写真の転載を快く承諾していただいた。私の拙い文章だけでは味気ないものになったに違いない本書が、これらのイラストや写真によって少なくとも手にとって眺めるだけならすばらしい本になった。あらためて皆さんの温かいご好意に感謝したい。なお、鳥については初出時に学名と和名を併記した。国内の鳥については『日本鳥類目録改訂第6版』（日本鳥学会二〇〇〇）、国外の鳥についていては『世界鳥類和名事典』（大学書林 一九八六）に従った。

この本は鳥をめぐる相互作用をテーマにして書いたものであるが、この本はまた、私自身がこれまでに出会った非常に多くの方々との絶え間ない相互作用の結果として生み出されたものでもある。あるときは競い合い、あるときは叱咤に発奮し、あるときは協力しあってきた、といえば格好いいが、実際には、一方的にお世話になってばかりの片利的あるいは寄生的な関係だったといったほうが正しいかもしれない。この本を書くことで、これまでご迷惑をおかけした方々やお世話になった方々に少しでもそのお返しとなればうれしい。

最後に、まがりなりにもこれまで研究者の端くれとして自分の好きな仕事を続けることができているのは、故郷の宮崎から遠く離れた北海道の大学に行かせてくれ、三〇歳すぎて就職が決まらなくても辛抱強く待ってくれ、就職したいまもなかなか帰省できないでいる不孝息子を温かく見守ってくれてきた両親、隆義と綾子のおかげである。この場を借りて感謝したい。

二〇〇四年八月

大文字焼きも終わり記録的暑さがいくぶん和らいできた京都にて　日野輝明

7章

1） 林野庁（2004）平成15年度森林・林業白書．林野庁，東京．

2） 由井正敏（1988）森に棲む野鳥の生態学．創文，東京．

3） 鷲谷いづみ，草刈秀紀（編）（2003）自然再生事業．築地書館，東京．

4） 日本鳥学会（2000）日本鳥類目録・第６版，日本鳥学会，帯広．

5） 江口和洋（2002）移入鳥類による鳥類群集の攪乱．「これからの鳥類学」（山岸哲，樋口広芳編），pp. 407-431．裳華房，東京．

6） Tompkins D. M., Dickson G. & Hudson P. J. (1999) Parasite-mediated competition between pheasant and gray partridge: a preliminary investigation. *Oecologia* 119: 378-382.

7） Van Riper C., Van Riper S. G., Goff M. L. & Larid M. (1986) The epizootiology and ecological significance of malaria in Hawaiian USA land birds. *Ecological Monograph* 56: 327-344.

8） 高木昌興，樋口広芳（1992）伊豆諸島三宅島におけるアカコッコ *Turdus celaenops* の環境選好とイタチ放獣の影響．Strix 11: 47-57.

9） 石田健，宮下直，山田文雄（2003）群集動態を考慮した生態系管理の課題と展望：奄美大島における外来種問題の事例．保全生態学研究８：159-168.

10） レイチェル・カーソン（1964）沈黙の春（青樹簗一訳）．新潮社，東京．

11） Newton I. (1998) *Population limitation in birds*. Academic Press, London.

12） 片桐一正（1995）森の敵森の味方．地人書館，東京．

13） Koike S. & Higuchi H. (2002) Lomg-term trends in the egg-laying date and clutch size of Red-cheeked Starlings *Sturnus philippensis*. *Ibis* 144: 150-152.

14） 日野輝明，古澤仁美，伊東宏樹，上田明良，高畑義啓，伊藤雅道（2003）大台ヶ原における生物間相互作用にもとづく森林生態系管理．保全生態学研究８：145-158.

15） 日本林業技術協会（2000）里山を考える101のヒント．東京書籍，東京．

16） 江崎保男，和田岳（編）近畿地区鳥類レッドデータブック．京都大学学術出版会，京都．

14）内田博（1986）猛禽類の近くで繁殖する鳥について．日本鳥学会誌35：25-32.
15）Ueta M. (1998) Azure-winged magpies avoid nest predation by nesting near a Japanese Lesser Sparrowhawk’ s nest. *Condor* 100: 400-402.
16）Wiklund C. G. (1982) Fieldfare *Turdus pilaris* breeding success in relation to colony size, nest position and association with Merlins *Falco columbarius. Behavioural Ecology and Sociobiology* 11: 165-172.
17）Monkkonen M. & Forsman J. T. (2002) Heterospecific attraction among forest birds: a review. *Ornithological Science* 1: 41-52.

6章

1）Hino T. (1990) Palaearctic deciduous forests and their bird communities: comparisons between east Asia and west-central Europe. In: *Biogeography and ecology of forest bird communities* (ed. Keast A.), pp. 87-94. SPB Academic, Hague.
2）山岸哲（2002）島の鳥類の適応放散．「これからの鳥類学」（山岸哲，樋口広芳編），pp. 357-378．裳華房，東京．
3）中静透（2004）森のスケッチ．東海大学出版会，東京．
4）ロバート・H・マッカーサー（1982）「地理生態学」（巌俊一，大崎直太監訳）．蒼樹書房，東京．
5）ロバート・A・アスキンズ（2003）鳥たちに明日はあるか（黒沢令子訳）．文一総合出版，東京．
6）Martin T. E. (1988) Habitat and area effects on forest bird assemblages is nest predation an influence? *Ecology* 79: 74-84.
7）Opdam P., Van Dorp D. & Ter Braak C. J. F. (1984) The effect of isolation on the number of woodland birds in small woods in the Netherlands. *Journal of Bigeography* 11: 473-478.
8）MacArthur R. H. & MacArthur J. (1961) On bird species diversity. *Ecology* 42: 594-598.
9）Unno A. (2002) Treespecies preferences of insectivorous birds in a Japanese deciduous forest: the effect of different foraging techniques and seasonal change of food resources. *Ornithological Science* 1: 133-142.
10）Hino T. (1985) Relationships between bird community and habitat structure in shelterbelts of Hokkaido, Japan. *Oecologia* 65: 442-448.
11）岩田智也（2001）川の流れ方が鳥の分布を変える．Birder 5（7）：28-31
12）Murakamii M. & Nakano S. (2000) Bird function in a forest canopy food web. *Proceeding of the Royal Society of London (B)* 267: 1597-1601.
13）Nakano S. & Murakami M. (2001) Reciprocal subsidies: dynamic interdependence between terrestrial and aquatic food webs. *Proceedings of the National Academy of Sciences of the United States of America* 998: 166-170.
14）Hino T. (in press) The impact of herbivory by deer on forest bird community. *Acta Zoologica Sinica*.

20）Schluter D., Price T. D. & Grant P. R. (1985) Ecological character displacement in Darwin’s finches. *Science* 227: 1056–1059.
21）Davies N. B. (2000) *Cuckoos, cowbirds and other cheats*. T&AD Poyser, London.
22）樋口広芳（1996）飛べない鳥の謎．思索社，東京．
23）Nakamura H., Kubota S. & Suzuki R. (1998) Coevolution between the Common Cuckoo and its major hosts in Japan. In: *Parasitic birds and their host* (eds. Rothstein S. I. & Robinson S. K.), pp. 94–112. Oxford University Press, Oxford.
24）高須夫悟（2002）数理生態学と鳥類学—托卵を題材にして—．「これからの鳥類学」（山岸哲，樋口広芳編），pp. 191–222．裳華房，東京．
25）Smith N. G. (1968) The advantage of being parasitized. *Nature* 219: 690–694. 4–9
26）Tornberg R., Monkkonen M. & Pahkala M. (1999) Changes in diet and morphology of Finnish goshawks from 1960s to 1990s. *Oecologia* 121: 369–376.
27）Smith N. G. (1968) The advantage of being parasitized. Nature 219: 690–694. 4–9
28）Matsuoka S. (1980) Pseudo warning call in titmice. *Tori* 29: 87–90.
29）Bright M. (1984) *Animal Language*. Cornell University Press, London.

5章

1）Barnard C. J. & Thompson D. B. A. (1985) *Gulls and Provers*. Croom Helm, London.
2）Hogstad O. (1988) Advantages of social foraging in Willow Tits, *Parus montanus*. *Ibis* 130: 275–283.
3）Sullivan K. A. (1984) Information exploitation by Downy Woddpeckers in mixed-species flocks. *Behaviour* 91: 294–311.
4）小笠原暠（1970）東北大学植物園におけるシジュウカラ科鳥類の混合群の解析 II：採餌垂直分布および種間関係．山階鳥類研究所報告 6 ：170–177.
5）Waite T. A. & Grubb Jr. T. C. (1988) Copying of foraging locations in mixed-species flocks of temperate-deciduous woodland birds: an experimental study. *Condor* 90: 132–140.
6）Hino T. (1993) Interindividual differences in behaviour and organization of avian mixed-species flocks. In: *Mutualism and community organization* (eds. Kawanabe H., Cohen J. E. & Iwasaki K.), pp. 87–94. Oxford University Press, Oxford.
7）Szekely T., Szep T. & Juhasz T. (1989) Mixed-species flocking of tits (*Parus* spp.): a field experiment. *Oecologia* 78: 490–495.
8）中村登流（1991）エナガの群れ社会．信濃毎日新聞社，長野．
9）山岸哲（編）（2002）アカオオハシモズの社会．京都大学学術出版界，京都．
10）Hino T. (2003) Breeding bird community and mixed-species flocking in a deciduous broad-leaved forest in western Madagascar. *Ornithological Science* 1: 111–116.
11）Hino T. (1998) Mutualistic and commensal organization of avian mixed-species flocks in a forest of western Madagascar. *Journal of Avian Biology* 29: 17–24.
12）Hino T. (2000) Intraspecific differences in benefits from feeding in mixed-species flocks. *Journal of Avian Biology* 31: 441–446.
13）Jullien M. & Thiollay J. M. (1998) Multi-species territoriality and dynamic of neotropical forest understory bird flocks. *Journal of Animal Ecology* 67: 227–252.

2）Alatalo R.V., Gustafsson L., Linden M. & Lunberg A. (1985) Interspecific competition and niche shifts in tits and the goldcrest: an experiment. *Journal of Animal Ecology* 54: 977-984.
3）Hino T., Unno A. & Nakano S. (2002) Prey distribution and foraging preferences for tits. *Ornithological Science* 1: 81-88.
4）日野輝明, 中野繁（1992）北海道北部の落葉広葉樹林における繁殖期の鳥類群集. 北海道大学農学部演習林研究報告49：195-200.
5）Hino T. (2000) Bird community and vegetation structure in a forest with a high density of sika deer. *Japanese Journal of Ornithology* 48: 197-204.
6）堀田昌伸，江崎保男（2001）樹洞営巣性鳥類の樹洞をめぐる種内・種間の関係：特に自然樹洞について．日本鳥学会誌50：145-157.
7）Dhondt A. A. & Eyckerman R. (1980) Competition between the Great Tit and the Blue Tit outside the breeding season in field experiments. *Ecology* 61: 1291-1296.
8）Slagsvold T. (1979) Competition between the Great Tit (*Parus major*) and the Pied Flycatcher (*Ficedula hypoleuca*): an experiment. *Ornis scandinavica* 9: 46-50.
9）Takagi M. (2003) Philopatry and habitat selection in Bull-headed and Brown Shrikes. *Journal of Field Ornithology* 74: 45-52.
10）石城謙吉（1996）モズとアカモズのなわばり関係について．日本生態学会誌16：87-93.
11）Garcia E. F. J. (1983) An experimental test of competition for space between Blackcaps *Sylvia Atricapilla* and Garden Warblers *S. borin* in the breeding season. *Journal of Animal Ecology* 52: 795-805.
12）Bourski O.V. & Forsmeier W. (2000) Does interspecific competition affect territorial distribtion of birds? Along-term study on Siberian *Phylloscopus* warblers. *Oikos* 88: 341-350.
13）Ford H. A. & Paton D. C. (1977) Habitat selection in Australian Honeyeaters, with special reference to nectar producvity. In: *Habitat selection in birds* (ed. Cody M. L.), pp. 367-388. Academic Press, New York.
14）Reed T. M. (1982) Interspecific territoriality in the Chaffinch and Great Tit on islands and the mainland of Scotland: playback and removal experiments. *Animal behaviour* 30: 171-181.
15）Williams J. B. & Batzli G. O. (1979) Competition among bark-foraging birds in central Illinois: experimental evidence. *Condor* 81: 122-132.
16）Matsubara H. (2003) Comparative study of territoriality and habitat use in syntopic Jungle Crow (*Corvus macrorhynchos*) and Carrion Crow (*C. corone*). *Ornithological Science* 2: 103-112.
17）Dhondt A. A. (1989) Ecological and evolutionary effects of interspecific competition in tits. *Willson Bulletin* 101: 198-216.
18）Connell J. H. (1980) Diversity and the coevolution of competitors, or the ghost of competition past. *Oikos* 35: 131-138.
19）Grant P. R. (1975) The classical case of character displacement. *Evolutionary Biology* 8: 237-337.

herbivory in a mangrove ecosystem. *Ecology* 58: 514-526.
26）石田朗（2002）カワウのコロニーや集団ねぐらによる森林生態系への影響．日本鳥学会誌51：29-36.

3章

1）村上正志（2001）鳥の虫とりを観察しよう．Birder 5（7）：16-20.
2）Holmes R. T. (1990) Ecological and evolutionary impact of bird predation on forest insects: an overview. In: *Avian Foraging: theory, morphology, and applications* (eds. Morrison M. L., Ralph C. J., Verner J. & Jehl Jr. J. R.), pp. 6-13. Allen, Lawrence.
3）Loyn R. H., Runnals R. G., Forward G. Y. & Tyers J. (1983) Territorial bell miners and other birds affecting populations of insect prey. *Science* 221: 11411-1413.
4）Haemig P. D. (1992) Competition between ants and birds in a Swedish forest. *Oikos* 65: 479-483.
5）Haemig P. D. (1996) Interferene from ants alters foraging ecology of great tits. *Behavioural Ecology and Sociobiology* 81: 1750-1755.
6）Murakami M. & Nakano S. (2000) Bird functions in a forest canopy food web. *Proceedings of the Royal Society of London, Series B* 267: 1597-1601.
7）Tscharntke T. (1992) Cascade effects among four trophic levels: bird predation on galls affects density-dependent parasitism. *Ecology* 73: 1689-1698.
8）森林総合研究所東北支所（1999）キツツキを呼んで松枯れ防止．研究の“森”から No. 74.
9）小汐千春（1999）蛾の隠蔽擬態とオオシモフリエダシャクの工業暗化．「擬態―昆虫の擬態」（上田恵介編），pp. 11-36．築地書館，東京．
10）城田安幸（1999）目玉模様の生物学．「擬態―昆虫の擬態」（上田恵介編），pp. 111-135．築地書館，東京．
11）Fukui A. (2001) Indirect interactions mediated by leaf shelters in animal-plant communities. *Population Ecology* 43: 31-40.
12）大串隆之（1992）昆虫と植物の相互関係．「さまざまな共生」（大串隆之編），pp. 97-114．平凡社，東京．
13）Smiley T. J., Horn J. H. & Rank N. E. (1985) Ecological effects of salicin at three trophic levels: new problems from old adaptations. *Science* 229: 649-651.
14）Spiura M. (1999) Tritrophic interactions: willows, herbivorous insects and insectivorous birds. *Oecologia* 121: 537-545.
15）Owen D. F. (1975) The efficiency of blue tits *Parus caeruleus* preying on larvae of *Phytomyza ilicis*. *Ibis* 117: 515-516.
16）Heads P. A. & Lawton J. H. (1983) Tit predation on the holly leaf-miner: the effect of prickly leaves. *Oikos* 41: 161-164.
17）Marquis R. J. & Whelan C. J. (1996) Plant morphology and recruitment of the third trophic level: subtle and little-recognized defenses. *Oikos* 75: 330-334.

4章

1）中村登流（1988）森と鳥と．信濃毎日新聞社，長野．

介編），pp. 41-49．築地書館，東京．
6）Wheelwright N. T. (1985) Fruit size, gape width, and the diets of fruit eating birds. *Ecology* 66: 808-818.
7）岡本素治（1999）鳥と多肉果のもちつもたれつの関係．「種子散布―鳥が運ぶ種子」（上田恵介編），pp. 27-39．築地書館，東京．
8）Fukui A. (2003) Relationship between seed retention time in bird' s gut and fruit characteristics. *Ornithological Science* 2: 41-48.
9）小南陽亮（1993）鳥類の果実食と種子散布．「動物と植物の利用し合う関係」（鷲谷いづみ，大串隆之編），pp. 207-221．平凡社，東京．
10）Noma N. & Yumoto T. (1997) Fruiting phenology of animal-dispersed plants in reponse to winter migration of frugivores in a warm temperature forest on Yakushima Island, Japan. *Ecological Research* 12: 119-129.
11）Rakotomanana H., Hino T., Kanzaki M. & Morioka H. (2003) The role of the Velvet Asity *Philepitta castanea* in regeneration of understory shrubs in Madagascan rainforest. *Ornithological Science* 2: 49-50.
12）Dixon M. D., Johnson W. C. & Adkisson C. S. (1997) Effects of caching on acorn tannin levels and Blue Jay dietary performance. *Condor* 99: 756-764.
13）Steele M. A., Knoles T., Bridle K. & Simms E. L. (1993) Tannins and partial consumption of acorns: implications for dispersal of oaks by seed predators. *American Midland. Naturalist* 130: 229-238.
14）Hayashida M. (2003) Seed dispersal of Japanese stone pine by the Eurasia Nutcracker. *Ornithological Science* 2: 33-40.
15）前籐薫（1993）樹木の種子生産と植食性昆虫．森林防疫42（7）：6-10
16）日野輝明（2001）森林における鳥をめぐる生物間相互作用ネットワーク．日本鳥学会誌50：125-144.
17）Janzen D. H. (1977) Why fruits rot, seeds mold, and meat spoils. *American Naturalist* 111: 691-713.
18）Shibata M., Tanaka H., Iida S., Abe S., Masaki T., Niiyama K. & Nakashizuka T. (2002) Synchronized annual seed production by 16 principal tree species in a temperate deciduous forest, Japan. *Ecology* 83: 1727-1742.
19）市野隆雄，堀田満（1993）「花に引き寄せられる動物」（井上民二，加藤真編），pp. 175-194．平凡社，東京．
20）上田恵介（1995）花・鳥・虫のしがらみ進化論．築地書館，東京．
21）日野輝明（1991）花との共進化―ハチドリ．動物たちの地球7：50-54.
22）Kotaka N. & Masuoka S. (2002) Secondary users of Great-spotted Woodpecker (*Dendrocpos major*) nest cavities in urban and suburban forests in Sapporo city, northern Japan. *Ornithological Science* 1: 117-122.
23）Maesako Y. (1991) Effect of streaked shearwater *Calonectris leucomelas* on species composition of *Persea thunbergii* forest on Kanmurijima island, Kyoto Prefecture, Japan. *Ecological Research* 6: 371-378.
24）佐橋憲生（2004）菌類の森．東海大学出版会，東京．
25）Onuf C. P., Teal J. M. & Valiela I. (1977) Interactions of nutrients, plant growth and

引用文献

1章

1）デイヴィッド・ノーマン（1988）動物大百科別巻・恐竜（濱田隆士監修）．平凡社，東京．
2）デイヴィッド・ファストフスキー，デイヴィッド・ワイシャンペル（2001）恐竜の進化と絶滅（瀬戸口美恵子，瀬戸口烈司訳）．青土社，東京．
3）フィリップ・カリー（1994）恐竜ルネサンス（小畠郁生訳）．講談社，東京．
4）ジェニファー・アッカーマン（1998）翼を持った恐竜．ナショナルジオグラフィック日本版 4（7）：109-133．
5）竹内均（2002）恐竜のすべて．ニュートンプレス，東京．
6）アラン・フェドゥシア（2004）鳥の起源と進化（黒沢令子訳）．平凡社，東京．
7）樋口広芳（1978）鳥の生態と進化．思索社，東京．
8）ペーター・ヴェルンホファー（1993）動物大百科別巻・翼竜（渡辺正隆訳）．平凡社，東京．
9）徐星（2003）四肢に羽を持つ恐竜の発見．科学73：661-664．
10）周忠和（2003）中国の鳥類の初期進化．科学73：665-668．
11）Chiappe L. M. & Dyke G. J. (2002) The Mesozoic radiation in birds. *Annual Review of Ecology, Evolution and Systematics* 33: 91-124.
12）由利たまき（2002）鳥類と系統学．「これからの鳥類学」（山岸哲，樋口広芳編），pp. 322-356．裳華房，東京．
13）ジェームズ・ローレンス・パウエル（2001）白亜紀に夜がくる（寺島英志，瀬戸口烈司訳）．青土社，東京．
14）リチャード・フォーティ（2003）生命40億年全史．草思社，東京．
15）熊沢峰夫，丸山茂徳（2002）プルームテクトニクスと全地球史解読．岩波書店，東京．
16）NHK 取材班（1994）生命・40億年はるかな旅 3 ―花に追われた恐竜・大空への挑戦者．日本放送出版協会，東京．
17）ルイス・キャロル（1980）鏡の国のアリス．東京書籍，東京．
18）山階鳥類研究所（2004）おもしろくてめになる鳥の雑学事典．日本実業出版社，東京．

2章

1）柴田銃江（2000）冷温帯落葉広葉樹林における種子散布．「森の自然史―複雑系の生態学」（菊沢喜八郎，甲山隆司編），pp. 30-42．北海道大学図書刊行会，札幌．
2）小南陽亮（1992）果実食鳥による種子散布の機構とその働き．生物科学44：65-72．
3）斎藤新一郎（2000）木と動物の森づくり．八坂書房，東京．
4）Snow B. & Snow D. (1988) *Birds and berries*. T&AD Poyser, London.
5）中西弘樹（1999）鳥散布果実の色と大きさ．「種子散布―鳥が運ぶ種子」（上田恵

【マ】

【ミ】

【ム】

【メ】

【モ】

【ヤ】

【ユ】

【ヨ】

【ラ】

【リ】

【ス】

【セ】

【ソ】

【タ】

【チ】

【ツ】

【テ】

【サ】

【シ】

【カ】

【キ】

【ク】

【ケ】

【コ】

項目

索　引

学名

著者紹介

日野《ひの　**輝明《てるあき》**

1959年、宮崎県生まれ。北海道大学大学院農学研究科博士課程修了、農学博士。現在、森林総合研究所関西支所野生鳥獣類管理チーム長。専門は、動物生態学、群集生態学で、森林生態系における生物間相互作用と生物多様性について研究。おもな著書（分担執筆）に、『アカオオハシモズの社会』『群集生態学の現在』（京都大学学術出版会）『これからの鳥類学』（裳華房）『鳥類生態学入門』（築地書館）『生態学から見た北海道』（北海道大学図書刊行会）

装丁：中野達彦，制作協力：株式会社テイクアイ

日本の森林／多様性の生物学シリーズ—④

鳥《とり》たちの森《もり》

2004年10月20日　第1版第1刷発行

著　者　日野　輝明
発行者　瀬水　澄夫
発行所　東海大学出版会
〒257-0003 神奈川県秦野市南矢名3-10-35
東海大学同窓会館内
電話 0463-79-3921　振替 00100-5-46614
URL http://www.press.tokai.ac.jp/
印刷所　港北出版印刷株式会社
製本所　株式会社石津製本所

ISBN4-486-01655-6